KB037587

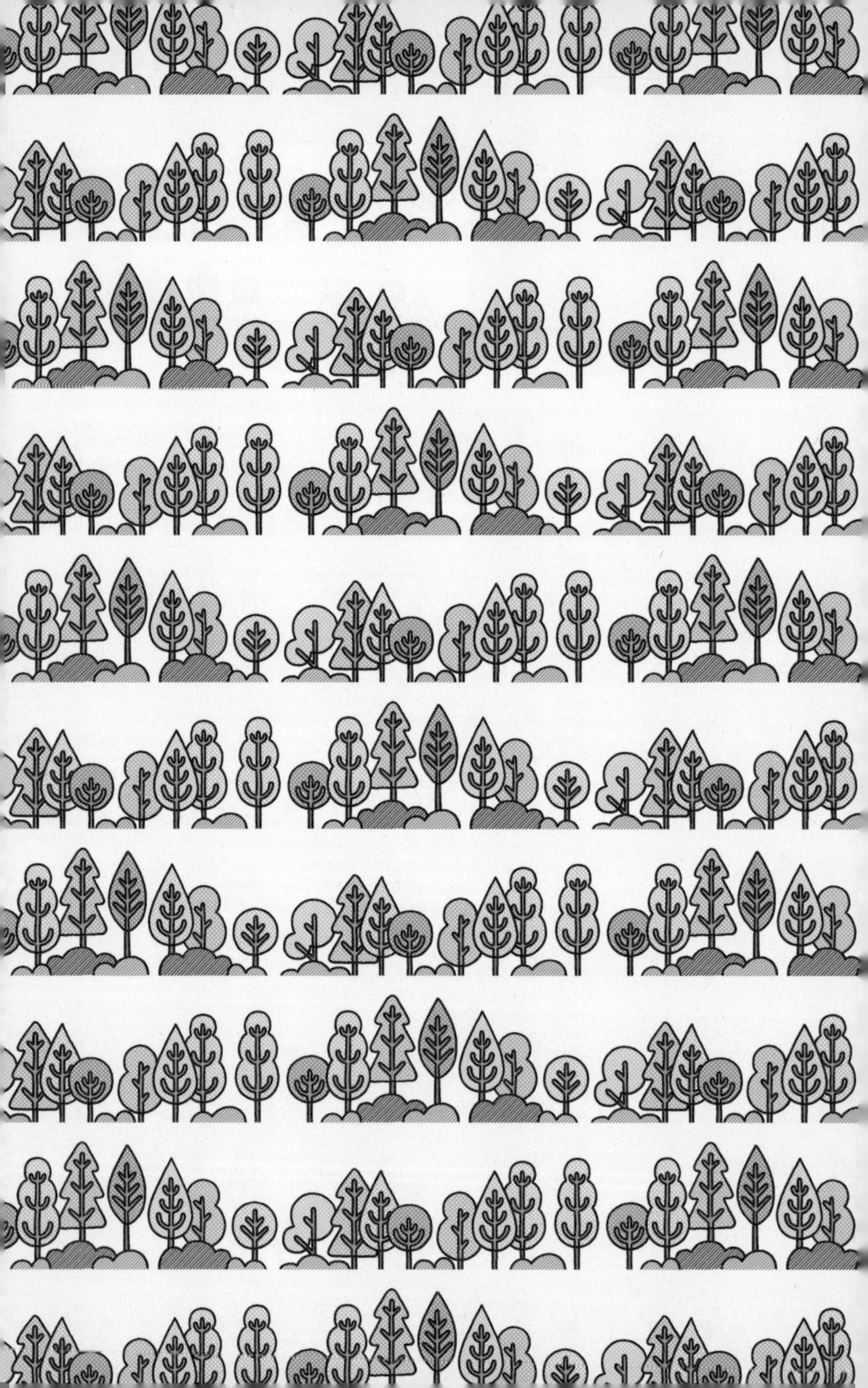

환경과 생태
쫌 아는 10대

환경과 생태 쫌 아는 10대

최원형 글
방상호 그림

우리, 100년 뒤에도
만날 수 있을까요?

풀빛

소소한 일상에서 그림자 걷어 내기

혹시 토마토 향을 맡아 본 적 있니? 텃밭에서 직접 따 본 적이 있다면 그 향을 알 수도 있겠구나. 나는 토마토를 먹는 것도 좋아하지만 향을 맡는 걸 더 좋아해. 특히 제철인 여름에 수확하는 토마토에서 나는 향 말이야. 토마토 향을 맡으면 어릴 적 놀던 할머니 댁 텃밭이 떠올라. 그리고 언제나 자애롭게 품어 주시던 할머니, 함께 놀던 사촌들도 떠오르곤 해. 마당에 있던 커다란 나무가 만들어 주던 시원한 그늘도 생각나고. 요즘엔 토마토를 굳이 여름까지 기다릴 필요가 없어. 일 년 내내 마트에서 붉고 싱싱한 토마토를 만날 수 있지. 어릴 때 맡던 그 향은 안 나지만.

그런데 얼마 전에 본 다큐멘터리 한 편으로 나는 토마토를 다시 생각하게 되었단다. 카메라가 토마토 농장을 비추는데 뙤약볕 아래에서 일하던 노동자들의 일그러진 얼굴이 클로즈업되었어. 토마토를 수확하느라 지친 기색이 역력한 그 사람은 턱없이 낮은 임금을 받으며 빈한한 생활을 하고 있더구나. 그가 전하는 얘기는 무척 슬펐단다. 같이 일하던 동료 한 명이 쓰러졌는데 끝없이 넓은 밭 한가운데에 마실 물도, 구급차를 부를 전화기도 없었대. 결국 그 동료는 죽음을 맞이했다고 해. 자본과 노동이 함께 토마토를 생산하는 시스템이라지만 사실 노동이 없다면 토마토를 생산하긴 어려웠을 거야. 그런데도 노동자의 삶은 갈수록 어려워지고 있어. 농장주들이 노동자들의 임금을 올려 주는 대신 수확량 증가와 이윤에만 관심을 기울이고 있기 때문이지. 중국은 미국의 뒤를 이어 토마토 생산량 세계 2위라고 해. 20년 만에 토마토 산업 초강대국이 된 거야. 중국이 토마토 생산 분야에서 이렇게 급성장하게 된 배경에는 터무니없이 싼 인건비가 받쳐 주고 있었지.

토마토 산업이 처음 시작된 곳은 미국 동부였어. 케첩 브랜드로도 유명한 하인즈가 최초의 토마토 가공 기업이야. 헨리 포드의 포드 사보다 먼저 조립 라인을 만들어 케첩 대량 생산을 시작했지. 그러니까 자동차보다 케첩 병이 먼저 조립 라인에 올라온 거지. 대량으로 생산되는 균일한 맛에 많은 사람들의 입맛이 길들여졌어. 그런데 지금은 전 세계 토마토 페이스트의 90퍼센트를 중국이 생산해. 토마토 페이스트를 수입해서 용도별로 가공하여 포장하면, 포장한 곳이 원산지로 표시된단다. 이탈리아산 토마토 페이스트라고 적혀 있어도, 실제로는 중국에서 생산한 토마토를 중국에서 가공하여 포장만 이탈리아에서 한 제품일 수 있다는 거지. 중국은 토마토 생산량을 계속 늘림과 동시에 더 많이 소비할 곳을 찾다가 아프리카로 눈을 돌렸어. 그래서 요즘엔 아프리카 대륙이 빠르게 차세대 토마토 최대 소비 시장으로 떠오르고 있어.

자기 땅에서 나는 싱싱한 과일을 먹는 대신 수입 토마토에 입맛이 길들여지고 있다는 건 결코 반가운 일이 아니야. 토마토를 중심에 놓고 우리가 사는 세상을 보니까 이렇더구나.

세계인의 입맛을 길들인 토마토는 레드 골드라고 불러. 아보카도는 그린 골드라고 하지. 왜 먹거리에 붉은 황금이니 녹색 황금이니 하는 이름을 붙였을까? 먹거리를 먹거리가 아닌 돈벌이 수단으로 보는 관점을 그대로 드러낸 거야. 이윤이라는 제1의 목표는 어두운 그림자를 드리웠어. 부당함과 부정의, 그리고 빈곤이 그 그림자지.

이제는 세계인의 입맛이 비슷해질수록, 국경을 넘나들며 물건들이 많이 오갈수록, 지구의 생태계가 위협받고 사람은 점점 소외된다는 이치를 알아야 하지 않을까? 우리의 일상이 그런 그림자를 만드는 데 기여하고 있다는 걸 알아야 그림자 걷어 내기도 가능할 거야. 사람은 너나없이 귀한 존재이고, 귀하게 살 권리가 있어. 그 권리는 지구에 살고 있는 뭇 생명들에게도 똑같이 있단다. 이 책에는 그들이 보내는 목소리가 담겨 있어. 한번 들어 보지 않을래?

차례

chapter 01 ···

컵라면과 플랜테이션

내가 먹는 것이 세상이야

출출할 땐 컵라면이 최고지!

한창때인 너희는 수시로 배가 고프지? 그럴 때 가장 요긴한 간식거리, 하면 뭐가 제일 먼저 떠오르니? 아마 라면이 아닐까 싶어. 특히 컵라면. 뜨거운 물만 있으면 언제 어디서든 먹을 수 있으니 기가 막힌 먹거리 아니니? 해외여행 가서 음식이 혹시 입맛에 맞지 않아도 컵라면만 있으면 걱정 없어. 이렇게 간편하고 맛도 좋은 컵라면 이야기를 해 볼까 해. 컵라면 하나와 연결된 생태 문제가 얼마나 긴밀하고 거대한지 알게 된다면 놀라지 않을 수 없을걸.

너희는 얼마나 자주 라면을 먹니? 하루에 하나? 으이그, 그건 라면 중독 같다! 하긴 그 정도까지는 아니어도 전 세계 사람들이 1년에 먹는 라면 양이 어마어마하더라. 세계인스턴트라면협회(WINA)[1]에 따르면 2017년에만 인스턴트라면 1000억 개가 훌쩍 넘게 팔렸대. 가장 라면을 많이 먹는 나라는 어딜까? 1위는 같은 해 기준으로 한 해 390억 개 정도를 먹는 중국·홍콩이고, 그다음으로 인도네시아, 일본, 인도, 베트남, 미국, 필리핀,

---

[1] 세계인스턴트라면협회 www.instantnoodles.org

우리나라 순이야. 그런데 인구 대비로 따지면 1인당 연간 라면 소비량은 우리나라가 73개가 넘어 부동의 1위란다. 한 사람이 일주일에 적어도 1개 이상 라면을 먹는다는 거지. 배는 고픈데 시간은 별로 없고 후딱 먹을 게 마땅치 않을 때 가장 만만한 게 라면이긴 해. 가격도 싼 데다가, 국물은 얼큰한 게 안성맞춤이잖아.

인스턴트라면은 국수를 기름에 튀겨 건조한 거야. 그러면 오래 보관할 수 있고, 뜨거운 물에 넣기만 하면 금세 풀어지지. 여기서 핵심은 뭘까? 그래, 기름에 튀기는 거지. 그러니 라면 공장에는 기름이 반드시, 그리고 많이 필요하겠지?

자, 이쯤에서 라면 용기에 인쇄된 원재료 표시를 한번 살펴볼까? 공장에서 생산하는 모든 물건에는 그 물건을 만드는 데 들어간 원재료, 그 재료의 원산지, 함량 등을 표시하게 돼 있어. 라면을 만드는 밀가루는 대부분 호주나 미국에서 수입해. 그다음에는 뭐가 적혀 있니? 맞아, 라면을 튀긴 기름이야. 그런데 기름이라고 적혀 있지 않고 팜유(palm oil)라고 쓰여 있어. 원산지는 어디로 표기되어 있니? 우리 집에 있는 라면은 모두 말레이시아산이더구나. 그러니까 호주에서 밀가루를 수입해 만든 면발을 말레이시아에서 수입한 팜유에 튀겼다는 거야.

팜유는 야자나무 열매를 짜서 얻는 기름이야. 야자나무는 주로 말레이시아나 인도네시아에서 재배하지. 한 해 라면 소비량만 봐도 알겠지만, 그 어마어마한 라면을 튀기자면 팜유가 굉장히 많이 필요해. 라면만이 아니라 과자, 아이스크림 같은 먹거리는 물론이고 립스틱 같은 화장품 등을 만드는 데도 팜유는 중요한 원료란다. 그런데 그 많은 기름 가운데 왜 하필 팜유일까? 다른 식물성 기름과 달리 팜유로 튀기면 면이 바삭바삭하고, 튀긴 지 오래되어도 기름 냄새가 나지 않기 때문이야. 팜유

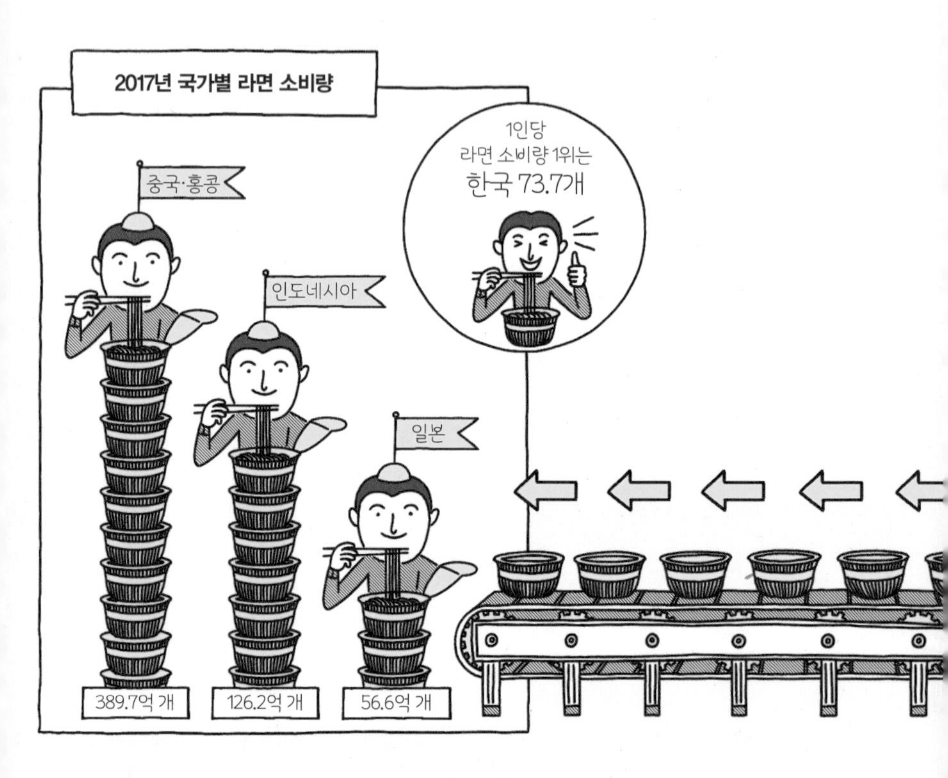

는 야자나무를 심어서 기른 지 3년째부터 시작해서 25년 동안이나 기름을 얻을 수 있어. 그런데도 워낙 수요가 많으니까 이도 모자라 야자나무 농장이 점점 늘어나고 있어. 그러자니 넓은 땅이 필요해졌지.

그럼 왜 하필 말레이시아나 인도네시아일까? 그곳에 원시림이라는 넓은 땅이 있기 때문이야. 원시림은 개발하지 않은 자연 그대로의 숲인데, 팜유가 필요한 회사에서 야자나무를 심으

려고 숲에 살던 나무를 마구 밀어 버리고 있대. 이렇게 돈과 기술을 가진 자본가가 현지인의 노동력을 이용해서 단일 작물 농사를 대량으로 짓는 걸 플랜테이션(plantation)이라고 해.

플랜테이션, 원시림을 휩쓸다

플랜테이션의 시작은 15세기 이후 유럽인들이 새로운 항로를 개척하면서부터야. 유럽인들은 세력을 키우고, 종교를 전파하고, 지리학과 과학 기술의 발전을 시험해 보고자 항로를 개척하기 시작했는데, 이와 더불어 빼놓을 수 없는 중요한 계기가 향료였어. 당시 수많은 사람들이 향료에 매료되어 수요는 늘었는데 아직 물량은 적어 귀했거든. 누구든 향료를 많이 확보해서 팔면 일확천금을 노릴 수 있었지. 스페인, 포르투갈, 네덜란드 등이 중남미에 위치한 나라를 점령하여 식민지로 만들기 시작했어. 18세기 산업혁명 이후로 영국, 프랑스 등 강대국들이 동남아시아, 아프리카까지 식민지로 삼았단다. 향신료와 담배 등을 얻기 위해서 강대국의 자본과 기술, 그리고 식민지의 값싼 노동력과 열대기후가 만나 본격적으로 플랜테이션 농업이 시작되었지.

그런데 여기서 생각해 볼 지점이 있어. 이렇게 사람 마음대로 숲을 없애고, 하고 싶은 대로 용도를 변경해도 되는 걸까?

숲은 많은 생명들이 살고 있는 집이기도 해. 동남아시아의 인도네시아 보르네오섬에는 인간과 가장 가까운 유인원 중 하나인 오랑우탄이 많이 살고 있었어. 오랑우탄이라는 이름은 말레이어 'oran hutan'에서 유래했는데 '숲에 사는 사람'을 뜻해. 진화적 관점에서 보면 인간과 아주 가까운 이웃이라는 뜻이야. 그런데 최근 20년 사이에 보르네오섬에 살고 있는 오랑우탄이 10만 마리 이상 줄어들었다는 연구 결과가 나왔어. 10만 마리는 그곳에 살고 있는 전체 개체 수의 절반에 해당하는 숫자야. 오랑우탄 개체 수가 감소한 주요 원인은 숲을 벌목하여 야자나무 농장과 제지 공장을 마구잡이로 세웠기 때문이라고 해. 숲이 사라지니 오랑우탄은 살 곳을 잃은 거지. 그래서 숲이 사라지는 속도와 비례해서 오랑우탄 숫자도 줄어드는 거고.

인도네시아 동부 파푸아와 북부 말루쿠 지역에서도 대규모 팜유 농장을 만들기 위해 숲을 엄청나게 벌목하거나 불법으로 불을 질러서 숲이 사라지는 일이 계속되고 있어. 특히 파푸아섬은 인도네시아에서 천연 열대우림이 가장 넓게 분포하고 있는 곳이야. 그곳에는 희귀식물과 나무캥거루 등 다양한 생물들이 살고 있지. 이런 생물들이 전부 생존에 위협을 받고 있다는 거야.

그렇다면 동식물이 사라지는 것과 내 삶이 무슨 관계가 있을까? 이를 알아보려면 숲이 사라졌을 때 어떤 일이 일어나는지 살펴봐야 할 거야.

숲이 사라졌을 때 일어난 일들

4월 5일은 식목일이야. 나무 심는 날이지. 처음 이 날을 정한 건 1949년이었어. 왜 그랬을까? 일제 강점기 동안 일본이 우리나라 숲에서 나무를 엄청나게 베어 갔어. 해방이 되고 보니 산에 나무가 너무 없었지. 그래서 비만 내리면 홍수가 나고 조금만 가물어도 피해가 심했어. 물을 머금었다가 내보내는 숲이 없어졌으니까. 특히 우리나라 지형은 산이 가파르고 강 길이가 비교적 짧아서 치산치수를 잘 해야 해. 산의 나무를 잘 관리하고 하천을 잘 정비해야 홍수와 가뭄을 예방할 수 있거든. 그런데 일제 강점기에서 해방되고 채 몇 년 지나지 않아 이번에는 한국전쟁이 일어났단다. 전쟁으로 숲이 불타 버리거나 피난민들이 산으로 들어가 화전(火田)을 일구면서, 산은 또 한 번 홍역을 치렀지. 전쟁이 끝나고 보니 산은 민둥산으로 변해 버렸어.

이미 홍수와 가뭄 피해를 겪었기 때문에 이번에야말로 완전히 민둥산이 되어 버릴까 봐 사람들은 우려했지. 그래서 산의 나무를 땔감이나 목재로 쓰지 못하게 했어. 그렇게 30년쯤 지나고 나니까 강산은 푸르게 변했단다. 왜 산이 푸르다고 하지 않고 강산이 푸르다고 했을까? 산과 강은 아주 가깝게 연결돼 있기 때문이야. 숲이 울창해야 강물이 마르지 않거든.

여기서 한 가지 의문이 생겨. 그럼 나무가 새로 자라는 동안 가구를 만들거나 집을 짓는 데 필요한 나무는 어디에서 어떻게 구했을까? 그동안에는 인도네시아 보르네오섬과 말레이시아, 필리핀 등지에서 값싼 원목을 수입해 쓰면서 우리 산을 보호했지. 결국 우리는 강산을 푸르게 만드는 데 성공했는데 그 대신 동남아시아 열대우림이 훼손되고 말았어. 그럼 나무를 아예 베지 말라는 거냐고? 그럴 리가. 숲이 유지될 수준에서 적절히 목재를 이용하는 것은 오래도록 이어 온 우리의 생활이기도 해. 다만 지나친 소비를 지탱하느라 숲 전체를 없애는 게 문제라는 거지.

동남아시아의 숲은 다른 나라 사람들이 쓰는 목재를 대느라 상당 부분 사라졌고 지금은 라면이며 과자, 화장품 등을 만드는 데 필요한 팜유를 생산하느라 남은 숲마저 사라지고 있어. 숲이 사라지면서 그 숲에 살고 있는 동물들도 살 곳을 잃고 있지. 우리나라에서 그랬듯이 숲이 없어지면 인간이 살기도 힘들어져.

폭염과 한파를 겪었으니 기후 문제가 심각하다는 것쯤은 다들 알 거야. 기후 문제는 결국 온실가스 증가 때문이잖아. 2050년 세계 인구를 90억~95억쯤으로 예상하는데,[2] 인구가 꾸준히 증가하면 소비가 증가하고, 그에 따라 배출되는 온실가스도 늘어날 수밖에 없지. 모든 소비에는 에너지가 들게 마련이니까. 그래서 지구 온도도 올라갈 수밖에 없어. 그런데 숲과 바다는 온실가스 가운데 가장 큰 비중을 차지하는 이산화탄소 흡수원이거든. 이런 숲이 자꾸 줄어드니 지구 온도가 오르는 것을 늦출 수도 없지. 팜유만 하더라도 그래. 야자나무 열매를 따다가 기름을 짜고 팜유가 필요한 여러 나라로 실어 나르고 공장으로 운반해서 라면을 튀기고 과자를 만들고 화장품을 만드느라 쓰는 에너지는 얼마나 많겠니? 그러면서 배출하는 온실가스는 어떻고?

오랑우탄이 계속 살 수 있는 숲이 있다면 이런 일이 되풀이되지 않겠지. 오랑우탄의 존재를 인정해 주고 그들이 살 곳을 침

---

[2] 《세계미래보고서 2030-2050》(제롬 글렌·박영숙 지음, 교보문고, 2017)

범하지 않았다면 지구 기후는 지금처럼 요동을 치며 폭염과 혹한을 반복하지 않았을 거야.

자, 이제 오랑우탄의 생존과 우리 삶의 관계가 보이니? 라면 한 그릇이 전과 다르게 보이지?

불편함을 즐겁게 선택해 보자

겨우 10분 남짓 라면 한 그릇을 먹느라 쓰고 버리는 나무젓가락을 생각해 보자. 나무젓가락 입장에서는 20년이나 애써 나무로 자랐는데 하필 나무젓가락이 되어서 잠깐 라면 먹는 데 쓰이고는 금세 쓰레기통에 처박히는 신세가 된 거야. 나무만의 문제도 아니지. 나무가 있는 숲으로 갈 때, 나무를 벨 때, 벤 나무를 올길 때, 옮긴 나무를 자를 때, 모두 연료가 필요해. 소독에는 약품이, 포장에는 종이가, 옮기는 데는 상자가 필요하지. 나무젓가락 하나를 만들기 위해 필요한 공정과 재료가 얼마나 많은지 다 적을 수가 없을 지경이야. 이렇게 많은 과정에 에너지를 써서 만들어진 젓가락은 금세 환경오염원이 되지. 그런데 쓰이는 시간은 고작 10분 정도라니! 그러고 보면 라면 용기나 먹다 남긴 면발, 국물을 버리는 데도 많은 자원이 버려지는 셈이라는 걸 알 수 있지.

의도적으로 '환경을 망가뜨릴 거야' 하는 마음을 먹고 살아가는 사람은 아마도 없을 거야. 그저 배가 고파서 뭔가를 먹어야 했을 뿐이고, 컵라면이 제일 간편했고, 라면을 먹으려니 나무젓가락을 쓸 수밖에 없었던 거지. 그런데 컵라면 하나가 불러오는 환경오염은 상상 이상이더구나. 모르는 사이에 인도네시아 어느 숲에 사는 오랑우탄을 사라지게 하는 일에 힘을 보태고 있었고. 이렇듯 미처 인과관계를 모르고 원인을 제공하는 일들이 생각보다 많단다. 하지만 이걸 전부 세세하게 알게 됐을 때는 너무 늦을지도 몰라. 그러면 어떻게 해야 할까?

지금 당장 할 수 있는 일들을 한번 찾아보자. 거창하지 않아도 생활습관 한 가지를 바꿔 보는 건 어떨까? 가랑비에 옷 젖는다는 말이 있지. 별거 아닌 것 같은 일도 꾸준히 지속하면 큰 변화를 일으킨다는 뜻이야. 우리도 아주 사소한 습관을 들여 꾸준히 반복해 보면 어떤 변화를 일으킬지 누가 알겠니?

이런 방법은 어때? 컵라면 먹는 횟수를 줄여 보는 거야. 음식을 먹을 때 나무젓가락을 사용하지 않는 방법도 있지. 지금은 급식을 하니까 도시락이 사라졌지만 몇 년 전만 해도 도시락에 수저통까지 가지고 다녔어. 그 수저통을 가지고 다니면서 나무젓가락 대신 쓰는 건 어떨까? 수저통이 무겁다면 아주 가벼운 억새 젓가락을 추천해. 나무젓가락은 화학약품으로 소독하지만 억새 젓가락은 소금물로 열탕 소독한 뒤 햇볕에 말리면 끝이야. 뜨거운 라면 국물에 유해 성분이 녹아 나올 염려가 없어 안심이고, 자연 상태에서 45일 정도면 분해되니 자연에도 부담이 없어. 귀찮다고? 그래, 귀찮은 건 사실이야. 그런데 그런 사소한 마음이 쌓여서 쓰레기는 점점 늘어나고 갈수록 생태계는 파괴되고 있는걸. 그 결과가 결국 누구에게 큰 고통이 될지 한번 생각해 봤으면 해. 이건 누가 강요한다고 따를 수 있는 문제는 아니야. 스스로 불편을 감수할 만하다고 생각한다면 시도해 보는 거야.

즐거운 불편이라는 말이 있어. 내가 조금 불편을 감수해서 세상이 좀 더 살 만한 곳이 된다면, 생태계가 덜 위협을 받는다면, 나무 한 그루가 온전히 생을 마칠 때까지 살 수 있다면, 그래서 숲에 살고 있는 생명들도 더불어 살아갈 수 있다면…. 이런 상상만으로도 너무나 즐겁지 않니? 불편은 불편이지만, 즐거운 불편이 될 수 있지 않을까?

먹거리에서 정의 찾기

개인이 할 수 있는 실천도 필요하지만 시스템을 바꾸는 변화도 반드시 필요하지. 지금도 플랜테이션 농업이 중남미, 아프리카, 그리고 동남아시아에서 주로 이뤄지고 있어. 이 얘긴 여전히 대기업이 그 지역의 값싼 노동력을 활용하고 있다는 뜻이야. 커피, 카카오, 바나나, 담배, 사탕수수, 야자나무, 목화 같은 작물이 플랜테이션 농업의 주요 작물이야. 플랜테이션 농업의 특징이 단일 작물을 대량 재배하는 거라고 했지? 이렇게 단일 작물을 재배하면 병충해 문제를 해결하기 위해 과다하게 농약을

살포할 수밖에 없어. 그래서 토양이 망가지고 있지. 그러니 한 곳에서 오래도록 농사를 지을 수 없어서 새로운 땅을 계속 개간하는 악순환이 진행되고. 그 지역에서 농사짓고 살던 농민들은 스스로 농사를 지을 땅을 잃고 대기업에 종속되어 임금을 터무니없이 낮게 받더라도 저항하기가 어려워진다는 문제도 있어.

이렇게 정의롭지 못한 방법으로 농산물을 생산하는 것이 남의 일이 아닌 게, 오늘날 세계화로 무역장벽이 허물어지면서 우리 밥상에도 이렇게 재배된 작물들이 싼값에 오르고 있거든. 농사짓는 방법도 문제고, 먼 곳에서 실어 오느라 들어가는 에너지도 문제인데, 여기에 외국의 값싼 농산물에 우리 농산물이

밀려서 제값을 못 받는 일까지 벌어져.

열거한 여러 문제를 시스템으로 해결하려는 사람들이 머리를 맞대고 고민했단다. 그래서 나온 방법 중 하나가 공정무역이야. 아마 들어 본 친구들도 있을 거야. 터무니없이 낮은 임금에 노동을 착취당하는 사람들이 안정된 삶을 꾸려 갈 수 있도록, 무작정 싸게 사는 데에만 신경 쓰지 말고 적절한 가격을 지불하고 물건을 사자는 취지야. 서로 상생하는 방법을 찾은 거지. 대표적인 게 마스코바도야. 마스코바도는 필리핀에 있는 사탕수수 농장에서 생산한 비정제 설탕[3] 이름인데 여느 설탕보다 값이 좀 비싸. 그렇지만 우리가 적절한 가격으로 이 설탕을 구매하면 유기농으로 책임 있게 농사짓는 농민을 응원하는 의미가 있고, 농장의 생태계도 살릴 수 있지. 공정무역으로 거래하는 물품은 커피, 초콜릿, 옷 등으로 점점 다양해지고 있단다.

그래도 이런 제품 역시 외국에서 실어 온다는 게 조금 부담이 되는 건 사실이야. 왜냐하면 유통 과정에서 내뿜는 탄소가 만

---

[3] 비정제 설탕은 사탕수수에서 설탕 원료를 채집하고 운반하는 과정에서 생긴 불순물만을 제거한 설탕을 말해. 가공 과정이 단순해서 원료에 있는 영양 성분이 그대로 남아 있지. 시중에서 쉽게 구할 수 있는 설탕은 이에 비해 원료에서 최대한 설탕을 많이 뽑아내기 위해 가공 과정을 많이 거치는데, 이때 대부분의 영양 성분이 빠져나가 단맛과 열량만 남는다고 보면 돼.

만치 않으니까. 지구의 바다 위에는 일 년 내내 엄청나게 많은 화물선들이 떠다니고 있단다. 컨테이너를 실은 배들이지. 이런 데 드는 에너지를 줄여 보자는 의미에서 생겨난 게 로컬 푸드(Local Food)야. 로컬 푸드 운동은 가능한 한 내가 사는 곳과 가까운 농장에서 생산한 농산물을 먹자는 운동이야. 가까운 데서 농산물을 가져오면 탄소 배출량도 줄어들 거고, 지역 주민들도 안정된 삶을 살 수 있겠지. 이에 대해서는 나중에 자세히 설명할게.

그런데 아무리 이런 시스템이 생겼더라도 이를 이용하는 사람이 없다면 무용지물이겠지. 조금은 비싸더라도 공정하게, 그리고 생태적으로 생산한 물건에 관심을 가지는 것도 생태적인 삶의 자세라 생각해.

chapter 02 ···

바나나와 생물다양성

이런저런 모양이 있어야 세상은 제대로 아름답지

바나나가 사라질지도 몰라?

가장 흔한 과일 하면 뭐가 떠오르니? 제철 과일 빼면 일 년 내내 먹을 수 있는 바나나가 아닐까 싶어. 바나나는 흔할 뿐만 아니라 맛있고 씻을 필요도, 깎을 필요도 없는 데다가 값마저 싸. 금상첨화지. 그런데 과거에 바나나는 그림의 떡, 아니 그림 속 바나나였단다. 요즘처럼 흔해진 건 1991년 이후부터였어. 1988년 바나나 한 송이 가격은 약 3만 4000원이었대.[1] 한 송이당 15개가 붙어 있다고 치면 바나나 한 개에 2000원이 훌쩍 넘었던 거지. 당시 소고기 한 근(600그램) 값이 6000원 정도였던 것과 비교하면 어느 정도였는지 짐작이 가겠지. 바나나는 그야말로 귀족 과일이었어. 오늘날처럼 흔한 과일이 되리라고는 상상도 못할 정도였지. 어릴 적 우리 집에선 어쩌다 손님이 선물로 사 오실 때, 우리 남매 가운데 누군가 아플 때나 겨우 맛볼 수 있을 정도였어.

바나나 값이 비쌌던 이유는 수입 제한 품목이었기 때문이야. 당시에는 지금처럼 무역이 발달하지도 않았거니와 수출로 버는 돈이 많지 않을 때라 외화를 아끼기 위해 수입하는 품목에 제한을 뒀거든. 바나나를 많이 수입하지 못하니까 가격이 비쌀 수밖에 없었지. 1991년부터 바나나가 수입 제한 품목에서 제외되자 바나나 가격은 점점 내려갔어. 2017년 한 해 동안 우리나라가 수입한 바나나는 44만 톤 정도로 수입 과일 가운데 1위였어.[2]

우리가 먹는 바나나는 품종[3]이 뭘까? 세계 최고의 바나나 연구소인 벨기에 루벤 대학교 열대작물개발연구소에 따르면 바나나 품종은 총 172종이 등록되어 있대. 이 가운데 인류가 재배종으로 선택한 건 2종인데 하나는 보통 과일로 먹는 무사 아쿠미나타(Musa acuminata) 종이고, 다른 하나는 무사 발비시아나(Musa balbisiana) 종이야. 아쿠미나타는 단맛이 나도록 개량한 품종이고, 발비시아나는 자연 상태에서 어느 정도 교배가 이루어지면서 단단하고 녹말 성분이 많은 플랜테인이라는 바나나로 자리 잡았단다.[4] 플랜테인은 삶거나 굽거나 튀겨서 주로 주식으로 먹어. 몇 년 전 프랑스 파리 외곽에 위치한 아프리카 식당에 갔더니 모든 요리에 바나나가 나오는 거야. 먹어 보니 고구

---

❶ 《종합물가총람》(한국물가정보센터, 2015)

❷ 〈최근 10년간 과일 수입현황 분석 자료〉(관세청, 2018)

❸ 종이니 품종이니 하는 말이 앞으로 자주 등장할 테니 여기서 확실히 해 두고 넘어가자. 종은 생물을 분류하는 가장 기본적인 단위야. 종을 정의하는 방법은 여러 가지인데, 가장 일반적으로는 '생물학적으로 다른 종과 생식적으로 격리된 생물 집단'이라는 정의가 널리 쓰여. 품종은 종의 하위 개념이야. 특정한 유전자 구성, 염색체 구조, 염색체 수로 정의하는 생물 집단을 말하지. 즉, "바나나와 토마토는 종이 다르다"라고 할 수 있어. "바나나라는 종에서도 캐번디시와 그로 미셸은 다른 품종"이고.

❹ 《사피엔스의 식탁》(문갑순 지음, 21세기북스, 2018)

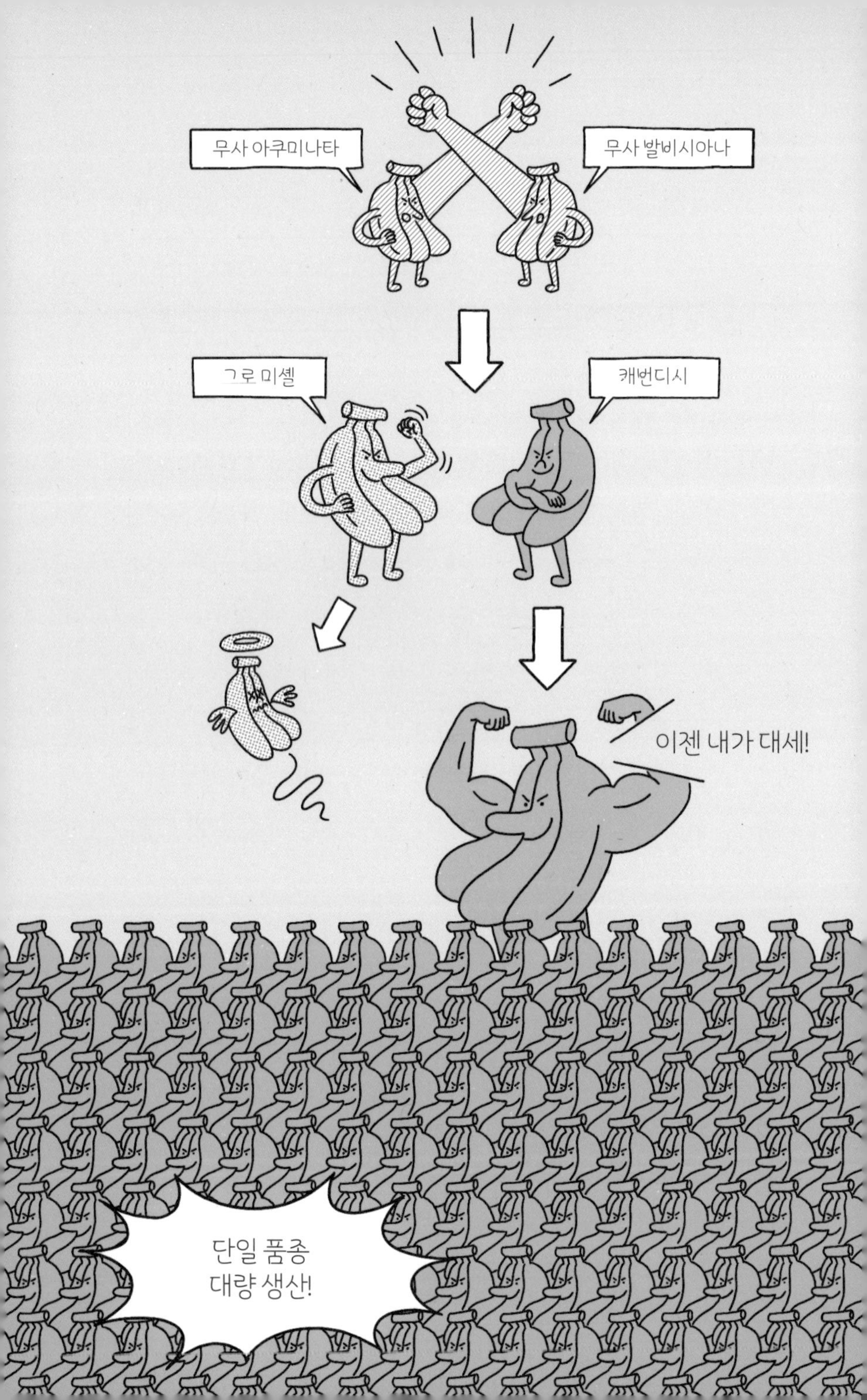
무사 아쿠미나타
무사 발비시아나
그로 미셸
캐번디시
이젠 내가 대세!
단일 품종
대량 생산!

마와 감자의 중간쯤 되는 맛으로 쫀득하고 맛있었어.

우리가 요즘 먹는 바나나는 무사 아쿠미나타와 무사 발비시아나 두 종의 교배종이야. 그런데 문제가 생겼어. 어쩌면 바나나가 다시 아주 귀한 과일이 될 수도 있고, 아예 사라질지도 모를 위기에 닥쳤거든. 현재 우리가 먹는 바나나 품종에 전염병이 번지고 있기 때문이야.

과일로 먹기 위해 상업적으로 처음 육성한 품종은 그로 미셸(Gros Michel)이야. 그로 미셸은 파나마병이라 불리는 전염병 때문에 지구상에서 95퍼센트 이상이 사라졌지. 그로 미셸이 사라지고 나서 캐번디시(Cavendish)가 등장했어. 우리가 먹는 바나나는 대부분 캐번디시지. 그런데 이 캐번디시마저 전염병에 걸려 바나나 전체가 멸종 위기에 처하다니, 아리송하기도 해. 그 많은 바나나 중에 전염병에 강한 바나나가 없을까 하는 생각이

들거든. 반에서 한 명이 감기에 걸린다고 해서 반 친구들 전체가 다 감기에 걸리는 건 아니잖아?

답은 바나나에 있어. 우리가 먹는 바나나에는 씨가 없잖아. 이게 사라지는 이유와 관련이 있단다. 바나나는 한 해 수확을 하고 나면 줄기를 잘라 버려. 바나나는 나무가 아니라 여러해살이풀인 건 알고 있지? 수확하고 난 바나나 줄기를 잘라 버리면 다음 해에 땅속줄기에서 싹이 또 나와. 이렇게 해마다 새로운 싹이 올라와 열매를 맺는데, 새로운 유전자가 조합되는 게 아니라 같은 유전자가 그대로 이어지는 셈이지. 복제품인 거야. 유전적으로 완전히 같으니 하나의 질병에 똑같이 취약한 거고.

바나나가 전염병을 견디지 못하는 이유

바나나가 처음부터 이랬을 리는 없지. 왜냐면 모든 생물은 같은 종끼리 생식하여 개체마다 유전적으로 다른 후손을 남기거든. 바나나도 자연 상태라면 이렇게 유전적으로 단일한 한 품종만 남았을 리가 없어. 지금의 결과는 인류가 이렇게 개량해 온 탓이지. 왜 그랬을까? 사람이 자신의 입맛에 맞는 바나나만을 원했기 때문이야. 더 정확히 말하면 똑같은 맛을 지닌 '상품'을 원했던 거라고 할 수 있을 것 같아. 세대가 이어져도 유전자가 똑같이 전해진다면 모든 바나나의 맛과 모양이 똑같을 거고, 그러면 공장에서 물건을 찍어 내는 것 같은 효과를 내. 물건을 팔아야 하는데 물건마다 모양도 맛도 다르다면 장사하기가 쉽지 않겠지? 바로 이런 이유로 인류가 바나나를 개량해 왔고, 그 덕분에 맛있는 바나나를 싸게 먹을 수 있었던 것도 사실이야. 그런데 사람이 편리하게 개량한 탓에, 이제 아예 바나나가 사라질지도 모를 위기에 처한 거지.

유전자가 다양했다면 질병에 무너지는 품종도 있었겠지만 질병에 끄떡없는 품종도 분명 있었을 거야. 그런데 단일 품종이라면 유전적으로 같기 때문에 하나의 질병에 똑같이 취약한 거지. 이것이 바나나가 전염병에 견디지 못한 이유이자 생물다양성이 필요한 이유이기도 해.

과거 우리 조상들이 수렵과 채집 생활을 할 때는 하루에도 수십 가지 동식물을 섭취했을 거야. 한곳에 정착해서 농사를 짓는 게 아니라 야생에서 먹을 것을 찾아야 했으니 다양한 음식을 먹을 수밖에 없었겠지. 그러니 자연히 누군가가 저녁으로 무엇을 먹었다고 하면 그때가 어느 계절인지, 어느 지역에 살고 있는지 알 수 있었을 거야. 지역과 문화, 계절에 따라 먹는 게 달

랐을 테니까.[5] 그렇지만 지금은 파리에 사는 사람, 뉴욕에 사는 사람, 그리고 서울에 사는 사람이 똑같은 햄버거를 먹고 스파게티를 먹고 모양과 맛이 같은 바나나를 먹지. 우리 식탁에서도 이렇게 다양성이 사라지고 말았어.

다양성을 잃은 종의 위기

우리가 맛도 보기 전에 사라진 그로 미셸이라는 바나나가 있었다고 앞서 이야기했지? 그로 미셸은 캐번디시보다 크기도 크고 굉장한 단맛이 나는 바나나였대. 쉽게 무르지 않아서 유통하기에도 아주 좋았다고 해. 그런데 그로 미셸은 곰팡이 균이 일으키는 병에 일제히 감염되어 사라졌어. 이 균에 감염되면 바나나 줄기 속으로 곰팡이 균사가 파고들어 식물 전체에 퍼져 말라 죽는대. 그래서 바나나마름병이라는 이름이 붙었어. 파나마에서 처음 발견했다고 해서 파나마병이라고도 하지. 20세기 초, 상업적으로 대량 재배를 하던 때였는데 전염성이 강한

[5] 《바나나 제국의 몰락》(롭 던 지음, 노승영 옮김, 반니, 2018)

이 균이 빠르게 퍼져 나가면서 그 맛있다는 그로 미셸 품종은 1960년대에 대부분 사라졌어.

전염성이 강하다는 건 무슨 뜻일까? 품종이 같으면 유전 형질이 거의 같다는 뜻이라서, 어느 품종에 질병이 돌면 그 품종 전체를 휩쓸지. 바나나도 만약 서로 다른 품종을 섞어서 재배했다면 곰팡이 균이 일으키는 병에 특별히 약한 품종은 죽었을지 몰라도 별 지장을 받지 않는 품종은 살아남았을 거야. 그런데 당시 그로 미셸이 워낙 맛있고 유통하기 쉬우니까 너도나도 그 품종만 재배했거든. 그래서 병이 퍼졌을 때 피해가 어마어마했던 거야. 물론 개중에는 돌연변이가 있어서, 같은 품종의 다른 바나나들이 다 죽어 갈 때 혼자 살아남은 바나나도 있었을 거야. 하지만 일단 전염병이 돌면 더 이상 퍼지지 않도록 멀쩡한 바나나도 없애 버릴 수밖에 없었어. 구제역 바이러스가 농가에 돌았을 때 살아 있는 돼지까지 살처분했던 걸 떠올리면 이해가 쉬울 거야.

그로 미셸이 사라지면서 인류는 바나나와 영원한 이별을 할 뻔했는데 불행 중 다행한 일이 일어났어. 영국 출신 의사이자 아마추어 탐험가 찰스 에드워드 텔페어(Charles Edward Telfair)라는 사람이 있었는데, 해군 군의관으로 세계를 돌아다니며 수백 종의 식물을 수집해서 자신의 식물원에 옮겨 심었대. 그중

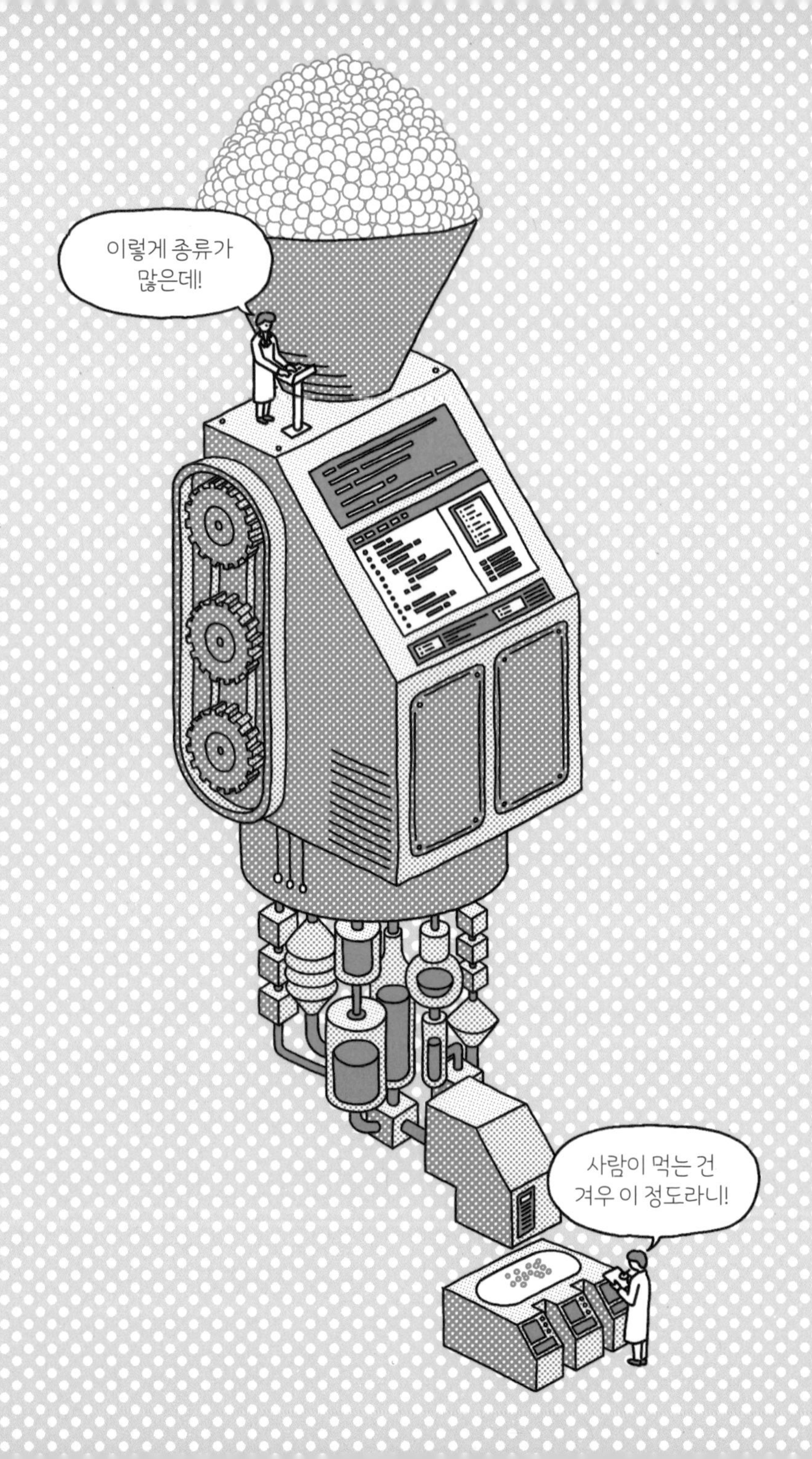
이렇게 종류가
많은데!
사람이 먹는 건
겨우 이 정도라니!

에 오늘날 우리가 먹는 캐번디시 종이 있었던 거지. 그는 중국에서 가져온 이 바나나 품종을 영국 건축가이자 정원사였던 요셉 팍스톤(Joseph Paxton)이란 사람에게 전달했어. 팍스톤은 캐번디시(Cavendish) 공작의 온실에서 일했는데, 캐번디시 공작은 새로운 식물 수집에 전 재산을 쏟아부은 사람이었어. 팍스톤이 캐번디시 공작의 온실에서 파나마병 균에 내성이 있는 바나나 품종 재배에 성공하자, 그 바나나에 캐번디시라는 이름을 붙였지. 덕분에 우리가 바나나 맛을 볼 수 있게 된 거야. 그런데 이전과 같은 이유 때문에 또다시 바나나가 사라질 위기를 맞았어. 곰팡이 균이 진화해서 캐번디시를 공격하고 있거든.

우리가 지금 몇 가지 곡식과 가축을 먹고 있는가를 생각해 본다면 얼마나 다양성이 낮은 환경에서 살고 있는지 충분히 느낄 수 있어. 현재 사람들이 섭취하는 열량의 80퍼센트를 차지하는 작물은 고작 열두 종에 불과하다고 해. 90퍼센트로 넓혀도 작물이 기껏해야 열다섯 종에 지나지 않는다는구나. 농사를 짓기 시작하면서 작물의 다양성이 줄어들었고, 전 세계가 자유롭게 무역을 하면서 이젠 지역이나 문화의 구분 없이 먹거리가 더욱 단순하고 비슷해졌어. 충격적인 건 현재 경작되고 있는 옥수수 밭 면적이 야생 초지 면적보다 넓다는 거야. 그 많은 옥수수는 가축 사료로 상당 부분 쓰는 걸 텐데, 그러다가 만약 옥수수를 휩쓸 전염병이 나타난다면 대안은 있을까? 이런 상상을 하다 보면 등줄기로 식은땀이 흘러. 생물다양성이 낮다는 것은 기후변화 시대를 사는 우리에게 대단히 위협적이거든. 그로 미셸 바나나가 전염병에 맥없이 사라졌고, 캐번디시 바나나가 또 사라질 위기에 처한 것만 봐도 알 수 있지 않니? 먹거리를 단순화했을 때 식량 위기가 올 수 있다는 것은 충분히 벌어질 가능성이 있는 시나리오야.

비슷한 일은 이전에도 많았어. 19세기 말에 영국이 식민지였던 스리랑카의 오래된 숲을 밀어 버리고 커피 농장을 만들었어. 눈에 닿는 크고 작은 산이 당시에는 전부 커피 농장이었다고 해. 그러다 커피 녹병이 돌아서 순식간에 무너져 버렸지. 어마어마한 수의 커피 나무를 베어 버리고 새로 농사를 짓기까지 농민은 물론이고 생태계에도 큰 무리가 됐을 거야.

왜 같은 실수를 반복할까 생각해 봤어. 우리는 스스로를 일컬어 만물의 영장이라 하고 지혜를 가진 사람이라 하여 호모 사피엔스(Homo sapiens)라고 부르는데 말이야. 무엇보다 사람들의 태도에 문제가 있다고 생각해. 커피든 바나나든 그것은 하나의 식물로서 생태계 일원인데 식물로 보지 않고 오직 돈벌이 수단으로 봤기 때문에 이런 일이 벌어지는 거라고 생각해. 병이 돌면 약을 뿌리고, 더 이상 농사를 지을 수 없을 정도로 땅이 망가지면 다른 곳으로 옮겨 가면 된다는 편리한 생각이 돌이킬 수 없는 상처로 남은 거지. 생태계를 지켜야 우리의 삶도 지속가능하다는 진리를 사람들은 언제쯤 뼛속 깊이 깨달을 수 있을까?

바나나공화국의 비극

바나나공화국이라는 말 들어 본 적 있니? 이름은 거창해 보이는데 사실 매우 슬픈 단어야. 한두 가지 작물 수출에 국가 경제가 의존하고, 정부는 부패한 데다 외국 자본에 휘둘리는 나라를 얕잡아 부르는 말이거든. 주로 중남미 국가가 바나나공화국으로 불리곤 했어.

현재 세계 최대 바나나 수출국은 에콰도르야. 에콰도르 북쪽에 있는 콜롬비아와 과테말라를 비롯해 온두라스, 쿠바 등이 한때 바나나 최대 수출국이었단다. 바나나마름병을 파나마병[6]이라고 부르는 것만 봐도 중남미가 한때 바나나의 최대 생산지였다는 걸 눈치챌 수 있어. 세계 최초로 바나나를 재배하

[6] 파나마는 북아메리카와 남아메리카를 잇는 나라야.

고 유통한 기업은 보스턴프루트 사인데 후에 UFC(United Fruit Company)로 이름을 바꾸었고 현재는 치키타브랜즈인터내셔널로 알려져 있어. 이 UFC가 중남미에서 어떤 일을 벌였는지 잠깐 얘기하지 않을 수가 없구나.

19세기 말, 미국은 러시아로부터 알래스카를 사들이고 하와이 군도를 합병해서 미합중국을 완성했어. 그리고 세계를 주도하는 팍스 아메리카나[7]의 꿈을 실현하고자 중남미 쪽으로 관심을 두기 시작했단다. 이런 미국의 위세를 등에 업고 바나나 기업인 UFC가 중남미로 진출했어. 바나나 농장을 만들기 위해 경작권을 손에 넣었고, 바나나를 빠르게 수송하기 위해 철도와 항만을 건설하고 통신 시설도 설치했지. 냉장선도 이 무렵 등장하는데 바나나를 가능한 한 싱싱하게 유통하기 위한 거였대. 이 모든 것은 오직 바나나 기업만을 위한 거였어. 정작 그곳에 사는 사람들은 누구도 이런 시설을 이용할 수 없었다는구나. 기업이 노동자의 삶에 아무런 관심이 없었기 때문이야. 참다못

[7] 팍스 아메리카나(Pax Americana)의 팍스(Pax)는 라틴어로 평화를 뜻해. 로마제국이 다른 민족을 통치하여 누리던 평화를 팍스 로마나(Pax Romana)라고 한 데서 비롯된 말이지. 한마디로 미국이 세계 평화를 주도한다는 뜻이야. 소련이 붕괴하고 난 1991년부터 미국이 초강대국으로서 위세를 과시하기 위해 쓰던 말인데, 로마가 사라졌듯이 권력은 언젠가 쇠퇴하기 마련이라 요즘 세계 언론에서는 종종 미국 패권이 위기에 있다고 하기도 해.

한 콜롬비아 노동자들이 3만 2000명이나 들고 일어나 1927년에 파업을 일으켰어. 파업 참가자들의 요구는 이런 거였어. 노동자들이 쓰는 화장실을 개선할 것, 의료 서비스를 제공할 것, 그리고 종이 쿠폰 대신 현금으로 급료를 줄 것. 당시 UFC는 UFC가 소유한 점포에서만 쓸 수 있는 쿠폰을 급료로 지급했거든. 이런 소박한 요구에 맞대응한 것은 UFC가 아니라 콜롬비아 정부였단다. 자국민에게 총부리를 겨누어서 1000여 명의 파업 참가자가 사살당하고 말았어. 1927년에 시작된 파업은 걷잡을 수 없이 정치화되면서 1950년까지 게릴라전으로 이어져 콜롬비아인이 18만 명이나 사망했단다. 정부가 미국 기업에 대항하는 자국민에게 총부리를 겨누다니 얼마나 끔찍한 일이니. 콜롬비아 정부는 미국의 꼭두각시 하수인 정부가 아니냐는 의미에서 바나나공화국이라는 모멸적인 이름을 얻었지. 그런데 사실 들여다보면 가난한 나라의 초라한 정부를 조종한 것은 UFC였어. 기업이 이윤 추구를 위해 사람 목숨마저 우습게 생각했던 거지. 이렇게 콜롬비아는 바나나공화국이라는 오명을 쓰게 되었던 거야.

우리는 쉽게 바나나를 먹는데, 그 뒤에 이렇게 슬픈 이야기가 숨겨져 있어. 기업이 생태계와 노동자에게 아무런 책임 의식을 갖지 않고 욕심만 채웠을 때 비극이 일어난 사례는 무수히 많

아. 과거에서 배우지 못한다면 비극은 되풀이될 거야.

대량 생산으로 인해 토양이 황폐해지는 것만이 문제가 아니라, 당장 그 지역민의 생계가 위협받는 일자리 문제도 있어. 만일 파나마병으로 농장이 몰락하면 바나나로 돈벌이를 하던 기업은 새로운 경작지를 찾으면 그만이겠지. 남겨진 고통은 누구의 몫일까? 바로 그 지역에 사는 사람들이야.

1960년대 아시아 지역에서 바나나 농장에 번져 수많은 바나나를 삼켰던 파나마병이 5년여 전부터 아프리카에서 다시 발견되기 시작했어. 아프리카에서는 바나나 농장에서 일을 하며 생계를 이어 가는 인구가 1억 명 정도 된다고 해. 모잠비크에서만 바나나 농장에 일하는 사람이 50만 명이 넘는다는데, 파나마병으로 농장 노동자의 3분의 2가 해고되는 일이 벌어졌어. 필리핀에서도 태풍과 파나마병 등으로 바나나 생산이 최근 20퍼센트 이상 감소하면서 노동자들이 많이 해고되었어. 바나나가 사라지는 것은 단순히 먹거리 하나가 사라지는 문제가 아니라는 거지. 바나나와 연결된 식량 문제, 노동자 처우, 환경 문제가 있고, 나아가 생태계에까지 광범위하게 영향을 끼칠 수밖에 없으니까.

기업
국가

사라지는 것들을 지키기 위해

다양한 생물들이 계속해서 줄어드는 것을 보던 생물학자들이 생물다양성이라는 개념을 만들었어. 이를 발전시켜 1992년 6월 브라질 리우데자네이루에서 열린 유엔환경개발회의(UNCED)에서 지구 온난화 방지 협약, 생물다양성 협약이 채택되었고 1993년 12월 29일부터 발효되었지. 우리나라는 154번째 회원국으로 2014년에는 강원도 평창에서 12차 당사국 총회가 열렸단다. 여기서 생물이라는 말에 담긴 범위는 생각보다 넓어. 살아 있는 생물뿐만 아니라 생물이 서식하는 생태계와 생물이 지닌 유전자까지도 포함하거든.

사람들은 생물로부터 식량, 건강, 산업, 여가 활동 등 엄청난 혜택을 누리고 살면서도 생물 보존에는 관심이 거의 없지. 생물 멸종 사태로 '여섯 번째 대멸종'[8]을 얘기할 지경인데도, 수

---

[8] 지구 역사에서 지금까지 5번 대멸종이 있었다고들 이야기해. 대멸종이라는 것은 생태계 생물의 70퍼센트 이상이 사라지는 사태를 말하지. 화석을 관찰하거나 연구로써 알아낸 추정치야. 연구에 따르면 이런 대규모 멸종 사태가 고생대 오르도비스기, 데본기, 페름기, 중생대 트라이아스기, 백악기, 이렇게 다섯 차례 일어났다고 해. 그런데 대멸종이란 영화에서 보듯이 하루아침에 벌어지는 일이 아니라 수만, 수백만 년에 걸쳐 일어나. 그러니 여섯 번째 대멸종도 언젠가 자연스럽게 일어나리라고 예측할 수 있지. 다만 현대인의 생활 방식이 생태계를 황폐하게 만들고 기후변화를 가속화하고 있기 때문에, 자연적으로 일어난 이전 다섯 번의 대멸종과는 달리 여섯 번째 대멸종은 인간이 자초한 일이라고들 해.

많은 생물들이 우리 곁을 떠나고 있어도, 여전히 우리 눈에는 많은 생물 종들이 보이니까 심각성을 느끼지 못하는 거야. 생물다양성이 갖는 경제적·생태적 가치에 지속적인 관심이 절실해. 그렇다면 우리는 어떤 실천을 할 수 있을까?

패스트 푸드 먹는 횟수를 일주일에 딱 한 번이라도 줄여 보는 걸 제안하고 싶어. 생물다양성과 패스트 푸드 사이에 무슨 관계가 있냐며 어리둥절할 친구도 있을지 모르겠구나. 패스트 푸드의 대표 선수인 햄버거를 예로 들어 볼게. 햄버거를 만들기 위해서는 반으로 가른 빵 하나와 소고기 패티 하나, 양상추와 토마토, 그리고 소스가 필요하겠지? 밀과 고기에 채소 두세 가지만 있으면 한 끼를 해결할 수가 있다는 얘기야. 가장 큰 햄버거 체인인 맥도날드는 2014년 11월 기준으로 전 세계에 3만 5000개가 넘는 매장을 가지고 있어. 하루 매장을 이용하는 고객 수는 6800만 명 정도 된다고 해. 그 사람들이 햄버거 하나씩만 사 먹어도 매일 6800만 개의 햄버거가 팔린다는 얘기겠지? 이 많은 햄버거를 만들려면 맛과 품질이 거의 같은 빵과 패티가 전 세계에 공급되어야 하지. 햄버거에 들어가는 고기 패티를 만들기 위해 소를 많이 키워야 하고, 소에게 먹일 사료를 키우기 위해 많은 숲을 밀어 버리고 그 자리에 콩과 옥수수를 재배해야 할 거야. 만약 맥도날드 매장 이용자가 한 끼를 햄버거

대신 자기 고장에서 나는 음식으로 먹는다면 어떻게 될까? 그 한 끼에 맥도날드보다 다양한 식재료가 쓰일 테고, 이것만으로도 우리는 생물다양성을 유지하는 데 기여할 수 있어. 사실 농업이 산업화되면서 농사는 전통적인 의미에서의 먹거리가 아니라 음식을 만드는 값싼 재료를 생산하는 농업으로 전락했단다. 그러니 우리 입맛부터 다양성을 회복해야 하지 않을까 싶어.

집단을 이루어 힘을 모을 필요도 있지. 콜롬비아 아마존 열대우림에서 북미 대륙 서부 개척 시대를 방불케 하는 산림 파괴가 일어나고 있단다. 코카나무를 재배해서 코카인을 얻으려는 업자들이 벌목꾼을 매수했고, 이들이 아마존을 휘젓고 다니며 닥치는 대로 나무를 베어 넘어뜨리고 있지. 하지만 콜롬비아 정부는 벌목이 소규모로 이뤄진다고 주장해. 그러자 국제 시민단체인 아바즈(Avaaz)[9]가 회원들의 모금으로 찍은 위성사진을 공개하면서 콜롬비아에서 벌어지는 벌채는 "사상 최악" 수준이라고 폭로했어. 이뿐만 아니라 아마존에서 일어나는 범죄를 조사하라고 형사 소송을 제기했고, 서명 운동에 동참해 달라고 호소했지. 사실 아마존 열대우림은 콜롬비아나 브라질 등 몇몇

[9] 아바즈는 2007년도에 설립된 글로벌 시민단체로 기후변화, 인권, 동물의 권리, 부패, 빈곤 및 분쟁 관련 이슈에 대한 활동을 하고 있어.

나라들만의 숲이 아니거든. 지구 전체 생물종의 절반 이상이 그곳에 서식하고 있다고 알려져 있으니까. 그렇기 때문에 세계의 시민들에게 호소하는 거야. 이런 집단적인 행동은 아마존 열대우림이 함부로 벌채되는 걸 콜롬비아 정부가 수수방관하기 어렵게 만들어. 그러니 개인이 시민단체를 후원하거나 서명 운동에 동참하는 것도 생물다양성을 지키는 일이 되는 거지.

사실 이런 개인 혹은 집단 차원의 각성과 노력도 중요하지만 보다 근본적으로는 기업의 윤리가 중요하다고 생각해. 기업의 목적은 이윤 추구겠지만, 이윤이 생명보다 앞서면 곤란하지 않을까? 그러므로 시민이 기업에 윤리를 요구할 필요도 있어. 생태계를 유린하면서 거둬들인 작물은 쉽게 판매하지 못하도록 기업을 관리·감독하는 정부의 역할도 중요하겠지. 이렇게 기업과 정부가 제대로 역할을 하게 하려면 시민이 깨어 있어야 한다는 것은, 두말하면 잔소리겠지.

chapter 03 ···

아보카도와 로컬 푸드

밥상의 지도는 작을수록 좋아

지금 먹고 있는 음식의 고향은 어디?

2018년 4월 27일은 우리에게 정말 뜻깊은 날이었어. 판문점 선언이 발표되었잖아. 남북이 오랜 시간 휴전선을 사이에 두고 긴장 관계에 있다가 두 나라 정상이 판문점에서 만났지. 전 세계가 지켜보던 그날, 모든 것이 화젯거리가 될 수밖에 없었는데 그중 하나가 냉면이었어. 평양에서부터 준비해 왔다는 평양냉면! 그날엔 냉면집마다 발 디딜 틈이 없었다는구나. 얼마나 좋았으면 그런 일이 다 벌어졌을까 싶어.

평양냉면은 이름처럼 평양이 본고장이야. 그러고 보면 지역 이름이 붙어 고유명사처럼 된 음식이 꽤 있지? 전주비빔밥, 충무김밥, 천안 호두과자 같은 거 말이야. 음식 앞에 지역 이름을 붙인 건, 그 지역에서 나는 풍부한 재료로 오랫동안 음식을 만들어 먹다 보니, 자연히 맛이 깊어져서 유명해졌기 때문이야. 그 지역의 대표 선수가 된 셈이지. 덕분에 그 지역에 가 본 적이 없거나 잘 모르는 사람조차 그곳을 친근하게 느끼기도 해. 특산물을 통해 그 지역의 환경도 알 수 있지. "산허리는 온통 메밀밭이어서 피기 시작한 꽃이 소금을 뿌린 듯이 흐뭇한 달빛에 숨이 막힐 지경이다." 이효석의 소설 《메밀꽃 필 무렵》의 한 구절인데 많이 들어 봤지? 나는 중학생 때 이 소설을 처음 읽고는 메밀꽃이 핀 밭이며 소금을 뿌린 듯이 흐뭇한 달빛을 상상하곤 했단다.

메밀은 그해 벼농사가 흉년이었더라도 논밭을 갈아엎고 서리 내리기 전까지 두 달 정도만 키우면 수확해서 먹을 수 있어. 구황작물이었던 거지. 그러니 가난한 강원도 산골에서 얼마나 요긴했을까? 지금은 덕분에 강원도 산골 봉평이 메밀의 고장이 되었고, 메밀이 건강에 좋은 음식으로 알려지면서 지역 특산물로 자리 잡게 됐어.

어떤 작물을 오랫동안 한 지역에서 꾸준히 생산하려면 작물의 특성이 지역 환경과 잘 맞아야겠지. 그러면서도 환경에 부담을 주지 않고 잘 자랄 때 "지속가능하다"라고 해. 우리가 먹는 음식이 어느 지역의 어떤 환경에서 자란 재료로 만들어졌는지 안다는 건, 곧 우리 환경을 지속가능하게 만드는 길이기도 해. 그런데 우리 식탁을 한번 봐. 식탁에 오른 음식 중에 어디에서 생산된 것인지 알 수 있는 게 몇 가지나 되니? 물론 외국의 특별한 음식을 먹는 일도 하나의 즐거움이지. 그런데 즐거움과 별개로 외국 음식이 유행이 되기도 해. 특히 요즘처럼 SNS가 발달한 시대에는 유행이 순식간에 만들어지는 것 같아. 그런 의미에서 요즘 아보카도가 유난히 눈에 띄더라.

아보카도의 여행과 탄소발자국

아보카도는 미국 《타임》지가 브로콜리, 귀리 등과 함께 세계 10대 슈퍼푸드로 선정하면서 몇 년 사이에 수요가 폭발적으로 증가했어. 아보카도는 기원전 900년쯤부터 아즈텍, 잉카, 마야인들에게 귀한 음식으로 전해 내려온 과일이지. 중앙아메리카인 멕시코부터 콜롬비아, 에콰도르를 지나 남아메리카 서쪽 지역이 아보카도의 원산지로 알려져 있어. 19세기 중반 아보카도가 미국 캘리포니아에 전해지면서 사람이 키우기 시작했고 20세기 초 원예 기술이 발달하면서 본격적으로 재배했다고 해. 과연 슈퍼푸드라고 불릴 만큼 비타민, 미네랄 등 영양이 풍부하긴 하지만, 아보카도가 유행이 된 것은 영양 때문만은 아닌 것 같아. 다른 과일도 많은데 왜 굳이 아보카도였을까?

인터넷으로 아보카도를 검색하면 먹는 법이 나오는 것 알고 있니? 아보카도 안에는 단단하고 큰 씨앗이 있어. 처음 아보카도를 먹는 사람들은 씨앗 때문에 당황스러울 정도야. 칼로도 잘 리지 않으니까. 하지만 이런 낯선 경험 역시 즐거움일 수도 있어. 게다가 영양이 풍부하고 피부 미용과 다이어트에 좋다고 소문난 이국적인 과일이니 남들에게 보일 자랑거리로도 손색없을 것 같아. 그래서 유행이 된지도 모르지.

아보카도는 열대기후에서 잘 자라. 최저 생육 온도가 영하 4~5도 정도이긴 하지만, 영하 2도까지만 내려가도 생장에 큰 영향을 미친대. 한국의 겨울을 견디기가 쉽지 않겠지. 그러니 우리나라에서 아보카도를 먹으려면 수입에 의존할 수밖에 없어.

아보카도 산지에서 우리나라로 이동하는 거리는 수천 킬로미터나 된단다. 이동하는 중에 적당한 온도를 유지해야 하기 때문에 여기에는 상당한 양의 에너지가 필요해. 비행기나 선박 등 운송 수단을 이용해야 하니, 여기에도 당연히 에너지가 들고. 화석 연료를 에너지로 사용하는 한 에너지를 쓴다는 것은 곧 이산화탄소가 배출된다는 뜻이야. 이렇게 사람의 활동이나 상품을 생산, 유통, 소비하는 전 과정을 통해 직접 혹은 간접적으로 배출되는 온실가스 양을 이산화탄소로 환산한 총량을 탄소발자국이라고 해. 아보카도는 먼 데서 오기 때문에 탄소발자국이 상당하지.

탄소발자국 계산법[1]에 따르면 생산하고 유통하는 과정에서

[1] 탄소발자국은 영국 의회과학기술국(POST)이 2006년에 만든 개념이야. 원료 채취와 제품 생산, 수송, 유통, 사용, 폐기에 이르는 전 과정에서 발생하는 온실가스 발생량을 산출한 값인데, 킬로그램 또는 우리가 심어야 하는 나무 수로 나타내. 아보카도의 탄소발자국을 계산하려면 물량×운송 수단에 따른 이산화탄소 배출량×이동 거리를 계산해야 하기 때문에 간단치가 않지. 대략 우리 집에서 발생하는 탄소발자국을 알고 싶으면 한국기후환경네트워크 홈페이지(www.greenstart.kr)에 방문해 봐. 전기나 교통 사용량 등을 입력해서 간단히 알아볼 수 있어.

아보카도 100그램에서 나오는 이산화탄소는 대략 10.37그램이야. 바나나 100그램에서 배출하는 양(2.49그램)의 4배에 해당하는 양이지. 차이가 꽤 나지? 이렇게 수입에 얽힌 환경 문제도 있지만 스스로 재배해서 경제적 이익을 얻기 위해 우리나라에서도 외국 과일 재배를 시도하고 있어. 최근 기온 상승으로 아열대기후로 접어들고 있어서 전혀 불가능한 일도 아니야. 이미 제주에서는 망고나 바나나 재배에 성공했다지. 그렇지만 당장은 기후 조건을 맞춰야 하니 재배에 드는 비용이 상당할 뿐만 아니라 대량 수확은 기대하기 어렵지. 아보카도는 이러니 저러니 해도 수입할 수밖에 없어.

아보카도는 전 세계적으로 소비가 늘고 있어. 미국 사람들은 물론이거니와 특히 중국인들이 아보카도를 즐겨 먹기 시작해서 소비량이 엄청나게 늘어나고 있단다. 2010년에는 중국의 아보카도 수입량이 2톤에 불과했지만, 2017년에는 3만 2000톤으로 늘었어. 우리나라도 만만치 않아. 2017년 우리나라 아보카도 수입량은 6000톤으로 2011년 수입량 400톤에 비하면 무려 15배 정도 늘어난 셈이야.[2] 어마어마한 변화지?

[2] "과일 수입 역대 최고치 기록, 올해도 증가세" 관세청 자료(2018. 9. 3)

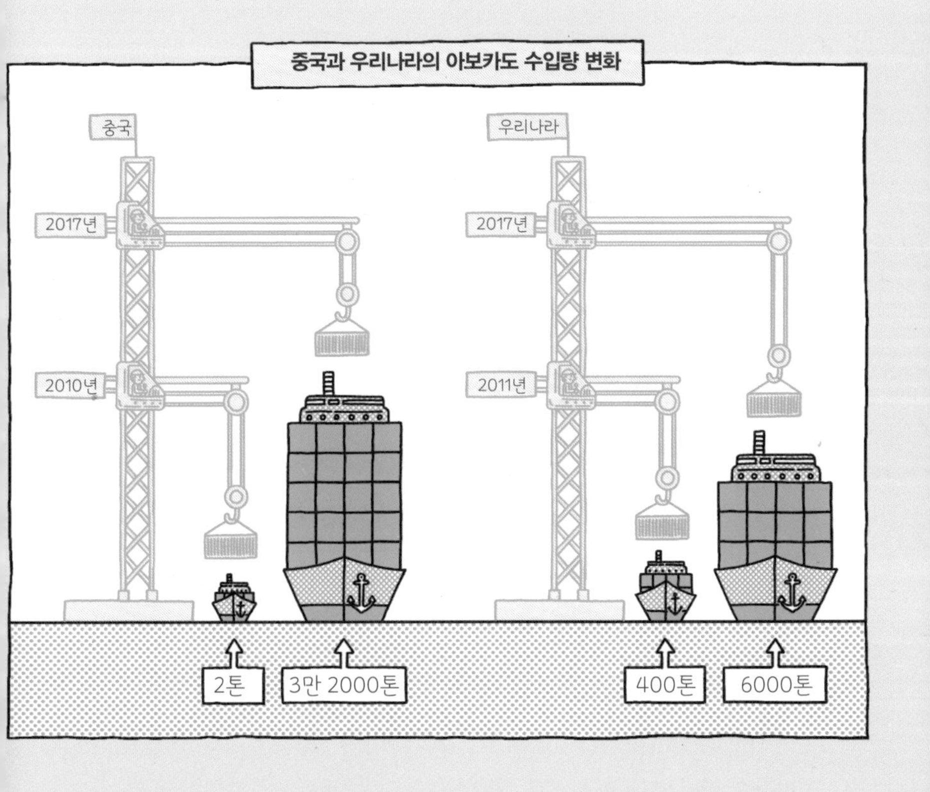
중국과 우리나라의 아보카도 수입량 변화
중국
2017년
2010년
2톤
3만 2000톤
우리나라
2017년
2011년
400톤
6000톤

나, 아보카도 100그램이 배출하는 이산화탄소는 10.37그램!
나, 바나나 100그램은 2.49그램을 배출하지.

우리가 아보카도를 먹을 때 물을 잃는 사람들

생산에는 한계가 있는데 소비량이 증가하니 가격은 오를 수밖에 없어. 그래서 아보카도를 그린 골드, 즉 녹색 황금이라고도 부른다는구나. 현재 전 세계에서 아보카도를 가장 많이 생산하는 곳은 멕시코와 칠레야. 멕시코의 미초아칸주에서 아보카도를 재배하는 농지 면적이 서울시 면적의 두 배 정도라지. 그런데 과일 나무들은 대개 해거리라는 걸 해. 한 해에 열매를 많이 맺으면 다음 해에는 덜 맺는 현상이야. 소비는 계속 증가하는데 해거리 때문에 수확량은 들쑥날쑥하다 보니 수확량을 늘리려고 아보카도 경작지를 계속 넓히는 추세지. 경작지 후보 1순위는 슬프게도 숲이야. 사람들은 숲을 아무 가치가 없는 땅이라고 생각하는 경향이 있어. 이런 생각들 때문에 숲을 밀어 버리고 아보카도 경작지를 쉽게 늘리는 것 같아.

숲이 아보카도 농장으로 바뀌면 무슨 일이 일어날까? 숲이 사라진다는 건 그곳에 사는 생물들의 서식지가 사라지는 걸 의미한다고 앞에서도 지적했어. 또 숲이 사라지면 물이 부족해지지. 너희도 익히 알고 있듯이 숲은 물을 저장하는 댐 역할을 하잖아. 그런 숲을 없애고 아보카도를 심으니 물 부족은 예견된 일이야. 칠레 발파라이소주 페토르카 지역에는 15년 전 강이었던 곳이 흔적도 없이 사라지고 수로도 말라붙어서 주민들이 물 부족에 시달리고 있어. 정해진 시간에 정부가 공급하는 수돗물을 받거나, 이따금 찾아오는 급수차에 의존해서 살고 있다고 해. 얼마나 불편할까? 씻거나 빨래하는 물은 말할 것도 없고 먹을 물조차 귀해졌다는구나. 이 지역이 이토록 물 부족에 시달리는 이유는 계속되는 가뭄 탓도 있지만 앞서 말했듯이 아보카도 농장이 주요 원인이야. AFP통신에 따르면 아보카도를 재배하는 데 물이 상당히 많이 필요한데, 농장 0.01제곱킬로미터당 하루에 물이 10만 리터나 든대. 이는 지역민 1000여 명이 하루에 소비하는 양에 해당한다는구나. 상황이 이 정도면 정부가 나서서 농장의 물 사용을 규제할 법도 한데 칠레에서는 물이 사유재산이나 마찬가지라고 해. 그러니 규제도 쉽지 않지.

탄소발자국과 비슷하게 물발자국이라는 개념도 있어. 인간 활동이나 제품을 생산하는 과정에서 직간접으로 사용하는 물의 총량을 뜻한다는 게 다를 뿐이지. 농업만이 아니라 대부분의 산업 공정에는 물이 굉장히 많이 쓰여. 가령 2리터짜리 생수병(PET) 하나 만드는 데 필요한 원유는 100밀리리터인데, 물은 원유의 30~40배나 필요해.

아보카도 생산지의 물 문제를 해결하려면 어떻게 해야 할까? 가장 간단하게는 수입을 조절할 필요가 있지 않나 싶어. 윤리

WATER
NO!

적인 문제잖아. 한쪽에서는 생존에 필요한 물이 부족해서 난리인데, 한쪽에서는 그 물로 생산한 농작물을 유행처럼 즐기는 건 매우 불공정하다는 생각이야. 그러면 누군가는 이렇게 반론할 수도 있겠다. 아보카도가 많이 팔려야 그 지역민들이 잘살 수 있지 않느냐고. 아보카도 수입이 줄어들면 그들이 빈곤으로 고통을 겪지 않겠냐고 말이야. 아보카도 농장의 이윤이 누구 주머니로 들어가는지를 알아보면 답은 확실할 거야. 최근 영국과 아일랜드 레스토랑에서는 아보카도가 들어간 요리를 메뉴에서 빼는 추세인데, 이는 윤리적인 소비를 위해서이기도 하지만 아보카도 농장의 수익금이 마피아 자금으로 흘러간다는 보도가 있었기 때문이야. 아보카도를 사 먹는다고 해서 농민의 삶이 풍요로워지는 건 아닌 것 같지?

누가 땅을 혹사시키나

앞서 바나나 농장을 살펴보며 이야기했듯이 한 가지 작물을 집약적으로 키우면 병충해에 취약해. 그래서 살충제를 뿌리니 생태계에 좋을 리 없겠지. 실제로 아보카도 수요가 증가하면서 아보카도를 재배하는 지역의 생태 환경은 점점 엉망이 돼 가고 있단다. 만일 그 지역 사람들이 먹을 만큼만 아보카도를 생산해도 괜찮았더라면, 이처럼 생태계를 파괴하면서까지 농사를 짓지는 않았을 거야. 생태계뿐일까? 살충제를 마구 뿌려 대면 농민의 건강에도 당연히 안 좋은 영향을 끼쳐. 기업이 농업을 돈벌이 수단으로 삼았기 때문에 이런 일이 벌어지는 거지. 아보카도를 소비하는 일에 고민할 필요가 있다는 게 점점 분명해지지?

아보카도에서 시작된 이 생각을 조금 더 확장해 보자. 장소란 누군가가 살았고 살고 있고 계속 살아갈 곳이야. 그러니 어디든 그 나름의 역사성이라는 게 있지. 그곳에 사는 사람들의 삶이 펼쳐지는 곳이니까 그곳만의 생활이 분명 있을 거야. 예전에는 사람이 태어나고 자라고 결혼하고 늙어 죽을 때까지 한 마을에서 사는 경우가 많았단다. 대부분 농사를 지어 먹고살다 보니 특별한 경우가 아니면 그렇게들 살았어. 그러니 마을 숲

뿐만 아니라 우물, 강, 저수지 할 것 없이 주변 환경을 마을 사람들이 모두 관리했어. 사람들의 삶과 아주 밀접한 관계가 있으니 당연한 일이야. 이렇게 지역을 그 지역 주민들이 직접 관리하면 여러 장점이 있지. 무엇보다 오래 살던 곳이니 그곳 환경을 잘 알 거야. 그래서 환경을 망가뜨리지 않고 유지하는 쪽으로 이용하겠지. 당대에 혹사시켜 황폐하게 만들어 버리는 일은 상상도 할 수 없을 거야. 왜냐하면 자신의 후손이 대대로 살아갈 곳이니까. 숲을 없애고 아보카도 농장을 만드는 사람들은 그 지역 토박이일까, 아니면 녹색 황금을 찾아온 외부 자본가일까? 당연히 후자겠지. 말하자면 그곳의 문화도 모르고 지식도 없는 데다가 대대로 살아갈 것도 아닌 사람들이 땅을 유린하는 거야.

내가 사는 지역에서 나는 음식 먹기

문제가 이러하니 탄소발자국과 물발자국을 줄이고, 생태계와 지역 주민이 두루 건강해질 수 있는 방법으로 사람들이 생각해 낸 게 앞에서도 잠깐 언급한 로컬 푸드야. 우리말로 하면 '지역 먹거리'라는 뜻이지. 흔히 장거리 운송을 거치지 않고 반경

50킬로미터 이내에서 생산한 음식을 말해. 네덜란드의 그린 케어 팜(Green Care Farm)[3], 일본의 지산지소(地産地消) 운동[4], 미국의 100마일 다이어트 운동[5], 그리고 한 번쯤은 들어 봤을 이탈리아의 슬로 푸드(Slow Food)[6]가 대표적인 로컬 푸드 운동이란다. 우리나라에서는 2008년 전북 완주에서 지역에서 나는 농산물을 먹자는 정책으로 로컬 푸드 운동을 시작했어. 먹거리가 가까운 거리에서 오면 탄소발자국이 적게 발생하겠지. 어디에서 누가 생산한 농산물인지 알 수 있으니 소비자 입장에서는 안심하고 먹을 수 있고 생산자는 안정적인 소득원을 확보하니,

---

[3] 그린 케어 팜이란 몸이나 마음이 아픈 사람들이 농촌 환경에서 치유 효과를 얻게 만든 시스템이야. 여기에 참여한 사람들은 가축에게 먹이를 주거나, 산책이나 농산물 포장, 정원 가꾸기 등 자신에게 맞는 일을 하면서 자연스러운 회복을 기대하지. 당연히 그 지역에서 난 식재료로 만든 음식을 먹으면서 말이야.

[4] 지산지소 운동은 우리나라의 신토불이(身土不二)와 자주 비교되곤 해. '지역에서 생산한 농산물을 그 지역에서 소비하는 활동'이라고 정의하니, 정말 비슷해 보이긴 하다, 그치? 지역 생산물을 그 지역에서 소비하는 방법에도 여러 가지 아이디어가 필요한데, 지산지소 운동이 펼쳐지는 일본 지역에서는 농산물 직판장, 지역 슈퍼마켓 직판매 코너에서 농산물을 판매하고, 학교 급식이나 기업 직원 식당, 레스토랑 등에서 소비할 수 있도록 장려하고 있어. 지역 농산물을 사용한 가공품을 개발하는 노력도 하고 말이야.

[5] 이 운동은 캐나다 밴쿠버에 사는 기자가 1년 동안 거주지 반경 100마일(160킬로미터 정도) 이내에서 생산된 음식만 먹는 실험을 한 데에서 시작되었어. 식품 유통 체제를 거부하고 건강한 음식으로 건강과 환경을 살린 이 운동은 세계인의 공감을 얻어서 전 세계로 확대되었지. 이후 캐나다와 미국 곳곳의 사람들이 자신의 상황에 맞게 조건을 바꾸어 50마일, 250마일 다이어트를 실행해서 큰 반향을 일으켰어.

[6] 1986년 이탈리아에서 시작된 운동으로 '패스트 푸드'에 반대하는 의미를 담고 있어. 맥도날드로 대표되는 패스트 푸드가 전통음식의 자리를 위협하자, 지역 특성에 맞는 다양하고 품질 좋은 음식을 먹자는 의미로 발전했어.

생산자와 소비자 양쪽 모두에게 득이 되는 방식이야. 한살림, 민우회, 두레생협 같은 곳에서 판매하는 먹거리들이 로컬 푸드지. 그런 매장도 수입 식품을 판매하기는 하는데, 그 경우에는 공정무역 제품이라고 보면 대개 맞을 거야.

그러고 보면 내가 먹는 음식이 어떤 과정을 거쳐 식탁에 오르는지 궁금해지지 않니? 그렇다면 좋아하는 과일 목록을 만들어서 생태지수를 한번 매겨 보는 건 어떨까? 생태지수란 그 먹거리가 외국에서 오는지, 우리 땅에서 나는지, 우리 땅에서 난다면 제철에 나는지, 아니면 하우스 재배로 나는지 등을 조사해서 생태 환경적인 관점에서 품평하는 거야. 혼자 하기 힘들다면 친구들과 함께해도 좋고 반 전체가 같이해도 좋을 것 같아. 여럿이 함께할 때는 일단 과일마다 생태지수를 작성한 뒤 내가 좋아하는 과일을 추려 봐도 좋겠어. 이 과정에서 내가 과일을 먹을 때 탄소발자국을 얼마나 남기는지 알게 될 거야. 더 나아가 유기농 재배인지, 대량 재배인지 등 재배 조건을 기록해 보는 것도 좋지. 이렇게 생태지수를 만들기 위해서는 과일에 대한 정보를 많이 찾아야겠지. 공부도 상당히 될 것 같구나. 점수를 따기 위해 하는 공부는 아니니, 재미있을 것 같지 않니?

과일 하나 먹는 데 이런 일까지 해야 하냐고 반문하는 친구가 있을 수도 있겠다. 하지만 오늘날 우리의 의식주는 어느 하나 생태 환경과 연결되지 않는 게 없어. 그러니 내가 살아갈 환경을 살피기 위해서는 세심하게 나의 일상을 돌아볼 필요가 있지. '그럼 이제 수입 과일은 절대로 먹으면 안 되나?' 하는 반문도 있을 것 같구나. 그럴 리야 있겠니? 다만 생태지수를 만들어 보면서 고민을 해 보자는 거야. 먹고 싶은 거야 먹고 살아야지. 하지만 두 번 먹으려던 걸 한 번으로 줄이는 정도의 노력은 할 수 있지 않을까 싶기는 해.

여기서 다룬 아보카도는 아주 상징적인 과일이란다. 즉, 다른 먹거리에도 비슷한 문제가 스며 있다는 거지. 사실 입고 먹고 쓰는 수많은 것들이 어떤 과정을 거쳐 오는지, 우리는 잘 몰라. 알 수 없기도 하고 애써 알려고도 하지 않기 때문이지.

전에 어떤 사람이 재미난 실험을 한 적이 있어. 여름 휴가철이라 사람이 많은 해변에서 혼자 미친 듯이 춤을 추기 시작했지. 다들 휴가를 즐기기에 바빠 그 사람을 신경 쓰는 사람은 거의 없었어. 그런데도 그가 계속 춤을 추자 수많은 휴양객 중에 한 명이 그를 따라 춤을 추기 시작했어. 그러자 한 사람, 또 한 사람, 같이 춤을 추는 사람이 늘어나더니 어느새 너도나도 합세해 수많은 사람들이 같이 춤을 추었다는구나.

아보카도를 먹고 처음으로 이 맛있는 과일을 수입해야겠다고 마음먹은 사람이 있었을 거야. 아보카도로 요리를 만들어 처음

SNS에 올린 사람도 있었을 거고. 누군가 그걸 따라 하고 점차 너도나도 아보카도를 먹게 되었겠지. 마찬가지로 누군가 지금 우리의 현실을 알리면 어떨까? 아보카도가 이렇게 많은 탄소발자국을 남기고 멕시코와 칠레에 물 부족을 일으킨다는 사실을 알리고 이를 멈출 방법을 제안한다면? 그래서 뭐가 달라지겠냐고? 그야 아무도 모르지. 그러니까 한번 해 보자는 거야!

chapter 04 ···

생수병과 플라스틱 쓰레기

오늘 저녁 반찬은 미세 플라스틱 고등어구이

1만 미터 아래 바닷속, 고래 배 속 플라스틱

바다 하면 제일 먼저 뭐가 떠오르니? 나는 쥘 베른이 쓴 소설 《해저 2만 리》가 떠올라. 아로낙스 박사 일행이 노틸러스 호를 타고 바다 밑을 다니며 그곳에 살고 있는 다양한 생물을 만나는 장면들을 읽으며 멋진 바닷속을 상상하곤 했지. 나도 언젠가는 바닷속으로 내려가서 직접 두 눈으로 보고 싶다는 생각을 했어. 하지만 지금은 생각이 바뀌었어. 바닷속이 더 이상 낭만적인 공간이 아니라는 걸 알게 되었거든. 지금부터 들려줄 두 이야기를 듣고 나면 내가 왜 이런 말을 하는지 이해하게 될 거야.

첫 번째는 비닐봉지 이야기야. 바다 밑바닥에는 깊숙이 푹 파인 부분이 있어. 이걸 해구라고 하는데, 현재까지 알려진 가장 깊은 해구는 마리아나(Mariana) 해구야. 마리아나 해구의 깊이는 에베레스트 산 높이보다도 훨씬 더 깊어서 수심 1만 1000미터에 가까워. 그런데 그 깊은 바닷속에서 비닐봉지가 발견된 거야. 연구자들에 따르면 한 30년쯤 된 것 같다고 하더구나. 일본 해양지구과학기술기구가 원격 조정으로 심해에 잠수정을 내려 보내서 사진 촬영을 했는데, 여기에 플라스틱 쓰레기들이 찍혔어. 불가사리가 비닐봉지를 감싸고 있는 사진을 보니까 마치 쓰레기장에서 발견된 불가사리 같았어. 그 깊은 데까지 비닐봉지가 떠내려갈 정도면 바다에 얼마나 많은 플라스틱 쓰레기가 있다는 걸까?

남태평양 동쪽의 핏케언(Pitcairn) 제도에서도 비슷한 일이 있었지. 핏케언 제도에 속한 섬 중에 헨더슨(Henderson)섬이 있는데, 세계에 몇 안 되는 산호섬으로 남미 칠레에서 5600킬로미터 떨어져 있는 무인도야. 사람의 발길이 거의 닿지 않다시피 해서 자연환경이 잘 보존되어 있었지. 유네스코에서 이 귀한 자연환경을 보전하기 위해 세계자연유산으로 지정할 정도였어. 그런데 2015년에 호주 태즈메이니아 대학의 제니퍼 레이버스(Jennifer Lavers) 박사가 우연히 구글 지도를 보다가 이 섬에서 정체 모를 덩어리들을 발견했대. 영국왕립조류협회와 제니퍼 박사가 공동으로 연구한 결과, 4개월 만에 밝힌 덩어리의 정체는 쓰레기 더미였어. 플라스틱 쓰레기 3800만여 개가 섬 여기저기에 쌓여 있었고 무게는 17.6톤에 달했지. 쓰레기들은 어업 도구와 분유통, 일회용 면도기 등 일상용품들이었고, 거의가 플라스틱이었다고 해. 태평양 한가운데 고립되어 있는 무인도 섬에 어쩌다가 이렇게 어마어마한 쓰레기 더미가 쌓인 걸까?

두 번째는 고래 이야기야. 2018년 어느 날 태국과 말레이시아 국경 근처 해안으로 죽어 가는 들쇠고래 한 마리가 떠밀려 왔어. 여러 사람들이 힘을 합쳐 고래를 살리기 위해 애썼지. 물밖에 드러난 몸이 마르거나 햇볕에 화상을 입지 않도록 우산을 씌우고 젖은 천을 덮어 주었어. 하지만 안타깝게도 3일 만에 죽고 말았단다. 고래가 죽으면 반드시 사인을 밝히는 부검을 하게 되어 있어. 고래가 죽은 원인이 바다 환경이나 기후변화 등과 관련되었는지 알아야 하거든. 그건 우리 삶에도 매우 중요한 메시지니까. 그래서 이 고래를 부검하니 위와 장에서 비닐봉지가 무려 80장이 나왔대. 무게는 자그마치 8킬로그램이었다는구나. 비닐봉지가 위장에 꽉 차 있으니 고래가 어떻게 먹이를 먹을 수 있었겠니?

이렇게 비닐봉지나 바다 쓰레기로 위장이 차서 죽은 해양 동물은 수도 없이 많아. 떼로 죽은 앨버트로스의 배 속에 페트병 뚜껑, 라이터를 비롯한 플라스틱 쓰레기가 가득 담긴 사진도 많이 알려져 있지. 사진작가이자 환경운동가인 크리스 조던(Chris Jordan)이 촬영한 어느 영상에서는 어미 앨버트로스가 아기 앨버트로스에게 먹이를 먹이는데, 내 눈에는 그게 먹이라기보다는 플라스틱 덩어리 같았어. 아기 앨버트로스는 그것도 모르고 먹이를 받아먹고 시름시름 앓다가 죽어. 비극이 아닐 수 없지.

이 두 가지 충격적인 이야기의 무대는 모두 바다야. 그리고 여기 등장한 바다 쓰레기는 대부분 플라스틱이지. (비닐봉지도 플라스틱의 한 종류라는 건 알고 있지?) 바다에 이렇게나 플라스틱

쓰레기가 많이 쌓인다는 건 어떤 의미일까?

플라스틱 쓰레기로 북적거리는 지구

플라스틱은 정말 매력적인 물질이야. 우리가 원하는 것은 뭐든 만들어 주니까. '쇠로 만든 그릇은 너무 무거워!', '종이봉투는 물에 젖으면 잘 찢어져서 불편해.' 이런 생각을 하던 사람들 앞에 턱 하고 나타나 문제를 간단히 해결해 줬지. 녹슬고 부러지는 철이나 알루미늄의 단점마저 플라스틱은 척척 해결했단다. 플라스틱은 여간해서 깨지지도 않아. 이러니 꿈의 물질이지!

인류가 플라스틱에 열광하면 할수록 플라스틱에 관한 기술은 나날이 눈부시게 발전했어. 얼마나 신나게 만들었는지 1950년부터 2015년까지 65년 동안 약 83억 톤의 플라스틱을 새로 만들었을 정도야.[1] 무게로 치면 코끼리 10억 마리 정도, 혹은 미국에 있는 102층짜리 엠파이어스테이트 빌딩 2500채와 맞먹는 양이라고 해. 어마어마하지? 겨우 65년 사이에 플라스틱 사용량은 초기보다 200배 가까이 증가했단다. 그동안 만든 플라스틱 가운데 절반 정도는 2000년 이후, 즉 21세기 들어서 사용한 거야. 음료수 병부터 각종 포장재, 휴대전화, 건축 자재에서 우주선까지 분야를 막론하고 플라스틱의 영역은 넓어져만 갔어.

하지만 뭐든 빛이 있으면 그림자도 있는 법이지. 플라스틱의 그림자는 뭘까? 플라스틱은 자연에서 썩어 분해되는 데 너무 오랜 시간이 걸린다는 거야. 잘 썩지 않는다는 건 플라스틱의 장점이었지만, 오늘날에는 치명적인 단점이 되었어. 플라스틱이 분해가 안 되는 이유는 자연에 플라스틱을 분해할 분해자가 없기 때문이야. 숲에서 죽은 나무에 버섯이 붙어 있는 걸 본 적이 있니? 버섯은 나무가 썩어 없어지도록 돕는 분해자 역할을 해. 하지만 플라스틱에게는 버섯 같은 역할을 하는 물질이 없는 거지. 썩지 않는 플라스틱의 문제점을 해결할 유일한 방법은, 안타깝게도 현재로서는 쓰고 난 플라스틱을 최대한 재활용해서 쓰는 것뿐이야. 그렇다면 지난 65년 동안 사용한 플라스틱 가운데 재활용한 플라스틱은 얼마나 될까? 2015년까지 전 세계에서 배출된 폐플라스틱은 약 63억 톤이야. 이 중 9퍼센트만이 재활용되었고 12퍼센트가 소각 처리되었으며, 79퍼센트는 그대로 버려졌다는 연구가 발표되었어.[2]

---

❶ 미국 캘리포니아주립대와 조지아주립대 공동 연구팀이 《사이언스 어드밴시스(Science Advances)》라는 과학저널의 2017년 7호에 게재한 논문 〈플라스틱의 생산과 이용, 그리고 운명(Production, use and fate of all plastics ever made)〉에 나오는 내용이야.

❷ 출처는 위의 각주 ❶과 같아.

바다 쓰레기의 종류를 살펴보면 어업 쓰레기가 상당 부분을 차지해. 그물뿐 아니라 양식을 하면서 띄운 부표 등 어업 활동 이후 제대로 거둬들이지 않은 장비들이 쓰레기로 바다에 남겨진 거지. 이 외에도 무분별하게 육지에서 발생한 쓰레기를 바다에 투기하기도 했고, 육지에 매립한 쓰레기가 관리 부족, 혹은 홍수 같은 재해 때문에 바다로 흘러가기도 했어. 땅에 제대로 묻었다 하더라도 시간이 흐르다 보면 빗물에 쓸려 가기도 하거든.

태평양 한가운데, 한반도의 7배 크기로 쓰레기가 모여 있다는 이야기, 들어 본 적 있니? 바다에는 환류라고 하는 현상이 있어. 바닷물이 소용돌이 모양으로 아주 크게 빙빙 도는 현상인데, 이 흐름을 따라 쓰레기들이 한데 모이기도 해. 쓰레기 섬은 그렇게 만들어진 거지. 그러고 보니 해구에서 발견한 비닐봉지가 의아하게 느껴지네. 비닐봉지는 가벼워서 물에 떠다니는데, 어쩌다 1만 미터가 넘는 해저까지 내려간 걸까? 여기에는 여러 가설이 있는데, 비닐봉지에 녹조가 끼거나 다른 쓰레기들과 엉키면서 바닥으로 가라앉았을 가능성을 높게 보고 있어. 바닷속에서 일어난 일이라 정확한 규명까지는 시간이 필요할 거야.

1950년부터 2015년까지
배출된 폐플라스틱
63억 톤
9퍼센트
재활용
12퍼센트
소각
나머지 79퍼센트는?

너무 싸고 편한 게 문제야?

한번은 동네 뒷산에 다녀오며 쓰레기를 한 무더기 주워 온 적이 있어. 둘레길 중간쯤에 있는 바위 위에 일회용 종이컵과 플라스틱 컵, 플라스틱 포장 용기 등이 놓여 있더라. 먹다가 잠시 자리를 비운 듯 보일 정도였지. 눈살을 찌푸리다가 결국 누군가는 치워야 할 거라서 들고 내려왔어. 그러자니 문득 이런 생각이 들더구나. 만일 이 컵이며 그릇이 비싼 물건이라면 이렇게 버리고 갔을까? 마시자마자 쓰레기가 되는 생수병도 그래. 깨끗한 물을 담았던 통이니 비교적 깨끗하고 모양도 멀쩡한데 너무 쉽게 쓰레기통에 들어가는 걸 볼 때마다 아깝다는 생각이 들거든. 하지만 값이 싸니 언제든 사서 잠깐 쓰고 버리지. 그런 의미에서 내게는 플라스틱 쓰레기 문제를 한 방에 해결할 수 있는 좋은 아이디어가 있단다. 플라스틱값을 확 올려 버리면 돼. 어때? 안 된다고? 그래, 사실 그게 문제야. 플라스틱은 원유를 정제하는 과정에서 나오는 부산물로 만드는데 원룟값을 무시하고 마냥 가격을 올릴 수 없지. 플라스틱 제품이 위생이나 건강과 연결되어 있는 경우도 많고.

많은 쓰레기들이 매립되거나 강이나 바다에 버려졌다는 통계에 걸맞게 전 세계 바다는 쓰레기로 가득하단다. 유럽연합(EU)

통계에 따르면 바다 쓰레기의 80퍼센트 이상은 모두 육지에서 흘러나간 거고 대부분이 플라스틱 쓰레기라고 해.[3] 영국 정부 과학청이 2018년에 펴낸 〈바다미래통찰 보고서(Foresight Future of the Sea Report)〉에 따르면 2015년 해양 누적 플라스틱은 대략 5000만 톤 정도고 2025년이 되면 1억 5000만 톤으로 10년 사이에 3배 증가할 거라고 전망했어. 극지방도 플라스틱 오염에서 자유롭지 않아. 그린피스가 2018년 초에 남극 지역에서 눈과 바닷물을 분석했더니 미세 플라스틱이 발견됐거든.

혹시 미세 플라스틱이라는 말, 들어 본 적 있니? 크기가 5밀리미터 이하인 작은 플라스틱 조각을 말하는데, 보통 200마이크로미터(1㎛, 1000분의 1밀리미터) 이하가 대부분이야. 이러니 맨눈에 보일 리가 없지. 이런 미세 플라스틱이 극지방에서까지 발견되었다니 너무 충격적이야. 거의 모든 바다가 미세 플라스틱으로 오염되었다는 의미로 해석할 수 있으니까.

바다 플라스틱 쓰레기의 심각성을 느낀 나라들은 플라스틱 사용을 줄이려 노력 중이야. 특히 해양 생태계에 치명적인 비닐봉지를 덜 쓰기 위해 영국은 일회용 비닐봉지를 유료 판매하

---

❸ 유럽위원회(EC)의 온라인 매거진 《유럽인을 위한 환경(Magazine Environment for European)》의 기사 "비닐봉지 쓰는 습관 깨부수기(Breaking the bag habbit)"를 참고하렴.

고 플라스틱과 유리병, 캔 등에 보증금을 부과하는 제도를 도입했어. 미국 캘리포니아도 제로 웨이스트(Zero Waste)[4]에 도전하며 노력 중이지. 유럽연합 주요 국가들의 비닐봉지 사용량을 보면 2010년 기준 그리스는 연간 250개, 스페인은 120개, 독일은 70개, 아일랜드는 20개, 핀란드는 4개라는구나. 이들 나라들을 비롯해 아시아, 아프리카 몇몇 나라에서는 벌금, 보증금 등의 제도를 마련해서 비닐봉지를 줄이려는 계획을 세우고 있거나 제도를 정착시켰어. 우리나라는 비닐봉지를 1인당 연간 420개(2015년 기준)나 쓰는 것으로 나타났어.[5] 비닐봉지를 비롯한 플라스틱 사용량을 많이 줄여야 할 것 같지?

오늘 저녁 반찬은 미세 플라스틱 생선구이

미세 플라스틱은 그동안 각질이나 치석 제거용으로 화장품, 치약 속에 넣기도 했는데, 이젠 우리나라를 포함해 많은 나라들이 사용을 금지했단다. 그렇다고 미세 플라스틱 문제가 사라진 것은 아니야. 왜냐면 발생 원인이 여전히 너무나 많거든. 세계 환경단체인 '지구의 벗'이 발표한 2018년 연구 자료에 따르면 자동차가 도로를 달릴 때 타이어가 마모되면서 떨어져 나온 미세 플라스틱이 한 해 영국에서만 1만 9000톤이나 되고 대개 수로로 흘러 들어간다고 해. 건물과 도로에 칠한 페인트 부스러기, 옷을 세탁하면서 나오는 합성섬유 찌꺼기들도 모두 미세 플라스틱으로 바다에 들어가지. 그저 빨래를 했을 뿐인데도 해양의 미세 플라스틱 오염에 발을 들인 셈이 된다는 얘기야.

미세 플라스틱은 너무 작아서 하수처리장에서도 걸러지지 않고 강을 거쳐 바다로 간단다. 큰 플라스틱 덩어리가 바다에 오래 떠 있으면 강렬한 햇빛과 염분, 그리고 파도에 의해 잘게 쪼개져 미세 플라스틱이 되기도 해. 이걸 동물성 플랑크톤이 먹이로 먹어. 플랑크톤의 몸속에서 미세 플라스틱이 발견되고 있다는 게 그 증거지. 자, 그럼 어떻게 될까. 미세 플라스틱을 먹은 동물성 플랑크톤을 작은 물고기가 먹고 그 물고기를 조금 더 큰 물고기가 먹고…. 최종적으로 우리 몸에 들어올 수밖에 없겠지? 뭐? 생선을 좋아하지 않으니까 괜찮다고? 그럼 소금은 어때? 소금을 먹지 않고 사는 사람은 없을 텐데? 소금에서도 미세 플라스틱이 발견되었대. 우리나라 모든 염전에서 미세 플

---

❹ 《나는 쓰레기 없이 산다(Zero Waste Home)》의 저자 비 존슨(Bee Johnson)이 시작한 캠페인으로, 쓰레기를 줄이기 이전에 아예 집 안에 유입하지 않는 방법을 제안했어. 여기에 세계인들이 공감하여 이 캠페인은 전 세계적으로 확산되었어.

❺ "1인당 비닐봉지 연간 420개 사용…핀란드의 100배" 연합뉴스(2018. 4. 4)

라스틱이 검출됐다는 뉴스는 정말 충격이었어. 세계적으로 유명한 생수 제품 여러 개에서 미세 플라스틱이 검출됐다는 연구 결과[6]도 나왔지. 이 발표 직후 세계보건기구(WHO)는 생수 속 미세 플라스틱의 잠재적 위험성에 대해 검토하겠다고 밝혔단다. 우리가 버린 플라스틱이 돌고 돌아 다시 우리에게 오고 있는 거야.

미세 플라스틱이 우리 몸에 들어가서 어떤 문제를 일으킬지는 아직 정확히 밝혀지지 않았어. 하지만 몇 가지 의심은 하고 있지. 미세 플라스틱 가운데는 비스페놀A[7]나 폴리염화비페닐(PCB)[8] 같은 환경호르몬이 들어 있을 수도 있어. 미세 플라스틱은 화학물질을 흡착하기도 잘하고, 내뱉기도 잘해. 그러니 미세 플라스틱이 우리 몸속에 들어가서 화학물질을 뱉어 낼 수도 있겠지? 미세 플라스틱 크기가 150마이크로미터 이상이면 체내에 흡수되지 않고 배설된다고 알려져 있어. 문제는 150마이

---

[6] 언론단체 오브(Orb) 미디어가 미국의 뉴욕주립대에 의뢰해 세계 9개국에서 11개 브랜드의 주요 생수 250병을 조사한 결과야. 연구팀은 특정 상표뿐이 아니라 거의 모든 생수 제품에서 미세 플라스틱을 발견했다고 발표했어.

[7] 플라스틱 제품 생산에 사용하는 화학물질이야. 동물이나 사람의 체내에 들어가면 내분비계를 교란하는 환경호르몬의 일종이지.

[8] 전기 절연성이 있고 안정적이어서 과거에는 많이 사용했지만, 독성이 강하고 폐기가 쉽지 않아서 사용을 규제하고 있는 환경호르몬이야.

크로미터 미만인 경우야. 이렇게 작은 미세 플라스틱은 비록 확률은 낮지만 림프계를 통해 체내에 흡수될 가능성도 완전히 배제할 수는 없다고 해. 나노 크기[9]의 미세 플라스틱이 혈관 속을 돌아다니다가 혈관을 막을 가능성을 제기하는 과학자들도 있더구나. 체내로 들어간 미세 플라스틱 표면이 거칠거나 갈라진 틈이 있으면 그 안에 병원균이 번식할 가능성도 있다고 해. 이 모든 가능성이 어떤 식으로 문제를 일으킬지 모르기 때문에 미세 플라스틱 문제가 우려스러운 거란다.

플라스틱의 편리함은 잠깐이지만 플라스틱 쓰레기는 굉장히 오랜 시간 동안 우리 몸과 생물의 몸, 그리고 바다 등 전 지구를 떠돈다는 사실이 두렵기만 해.

플라스틱을 있어야 할 곳으로 되돌려 놓자

2018년에 '쓰레기 대란'이 일어난 적 있는데 혹시 기억하니?

---

[9] 나노 크기라고 하면 어느 정도나 될 것 같니? '나노'는 그리스어로 '아주 작다'는 뜻이야. 1 나노미터는 10^{-9}미터, 즉 10억분의 1미터지. 머리카락 두께의 5만분의 1 정도라고 하면 상상이 되려나?

가정에서 폐기물을 분리 배출하면 그걸 가져가는 업체가 있는데 서울 등 여러 지역에서 업체들이 돌연 플라스틱 쓰레기 수거를 거부한 거야. 중국이 폐기물 수입을 금지하면서 시작된 일이었어. 그동안 우리나라가 쓰레기를 중국에 수출해 왔다는 걸 많은 사람들이 이때 알게 되었지. 쓰레기를 수출하는 건 비단 우리나라만이 아니야. 대부분의 선진국들이 폐기물 가운데 상당 부분을 중국을 비롯한 몇몇 나라로 수출하거든. 그런데 중국이 폐기물 수입을 금지하니, 국내 업체는 달리 내보낼 데도 없고 재활용도 어려워서 수거를 거부했던 거야.

그렇다면 왜 국내에서 재활용 처리를 못하는 걸까? 일단 처리할 공간이 턱없이 부족해. 하지만 그것 말고도 중요한 게 있지. 너희는 생수병을 어떻게 버리니? 생수병을 그냥 플라스틱 수거 통에 넣는다고? 그건 완벽한 분리 배출이 아니야. 페트병을 버릴 때는 라벨을 떼고 발로 밟아 납작하게 한 뒤에 뚜껑 따로 몸체 따로 배출해야 한단다. 뚜껑 재질이 다르기 때문에 분리 배출하는 게 원칙이야. 그런데 뚜껑이 가벼운 데다가 크기가 작아서 자칫하다가는 강을 지나 바다까지 갈 확률이 높거든. 그러니 현재로선 몸체를 납작하게 한 다음 뚜껑을 닫아서 배출하는 게 완벽하지는 않아도 최선의 방법이라 할 수 있어.

여러 재질의 플라스틱을 한곳에 버리면 수거해 간 업체에서는 일일이 분리를 해야 해. 당연히 인건비를 비롯해 비용이 많이 들 테지. 그렇다 보니 제대로 된 분리가 어렵고 재활용으로 이어지기도 쉽지 않아. 그래서 인건비가 싼 나라로 수출하는 거지. 그런 의미에서 버리는 일부터 제대로 할 필요가 있어. 생수병 하나 버리는 데도 일이 너무 많지? 맞아. 번거롭고 어렵기도 해. 그렇지만 플라스틱을 사용했다면 이 정도 의무감은 가져야 한다고 생각해. 썩지도 않는 플라스틱을 쉼 없이 만들어서 신나게 썼잖아. 그러니까 책임도 져야 하지 않을까?

물론 나 혼자 플라스틱을 덜 쓰고 분리 배출을 잘한다고 전부 다 해결되는 문제는 아니야. 개개인의 자각은 물론이고 기업과 행정 당국의 지혜가 모여야 하지. 제일 먼저 해야 할 일은 상품을 만들 때 다시 순환시킬 수 있는 원료를 쓰고, 폐기물은 거둬들여 재활용하는 시스템을 구축하는 거야. 이때 가능한 한 제품의 원료를 같은 것으로 통일하면 따로따로 분리해서 배출하는 불편함이 사라지겠지. 정부는 기업이 그런 제품을 만들도록 정책을 만들고 독려하는 한편, 감시·감독을 게을리하지 말아야 하고 기업은 재활용이 간편한 제품을 만들어야 해.

시민단체나 환경운동가들도 자기 자리에서 이 문제를 해결하기 위해 노력하고 있어. 2018년 중국의 폐플라스틱 수입 중단 이후 여러 나라들이 쓰레기 문제로 골머리를 앓았다고 했잖아.

이때 세계 각국의 환경운동가들은 '플라스틱 어택(Plastic Attack)' 운동을 벌였단다. 글자 그대로 해석하면 '플라스틱의 습격'이라는 뜻인데, 마트에 모여 장을 본 뒤 포장재를 죄 뜯어서 카트에 남겨 두고 알맹이만 장바구니에 담아 오는 운동이야. 영국에서 처음 시작돼 유럽 등 세계 곳곳으로 퍼져 갔지. 우리나라에서도 같은 해 7월 1일 한 마트에 모인 시민과 환경활동가들이 "나는 쓰레기를 사고 싶지 않다"라고 외쳤어. 왜 채소를 사는데 플라스틱 쓰레기를 함께 사야 하냐면서 말이야. 과대 포장을 많이 하는 기업이 있으면 소비자 상담실로 전화를 걸어 포장재를 줄이도록 요청하는 소비자의 역할도 중요해.

이와 비슷하게 우리나라의 망원시장에서는 '알맹@프로젝트'를 진행하고 있단다. 이름에서 눈치챌 수 있겠지만, 비닐봉지 등 포장재 쓰레기가 발생하지 않도록 알맹이(내용물)만 사고파는 거야. 상인뿐 아니라 이용자들까지 설득해야 하는 어려움이 있는데도 이 운동은 조금씩 퍼져 가고 있단다. 가게에서 장바구니를 빌려주기도 하고, 직접 그릇을 가지고 와서 음식을 사는 사람을 환영하는 가게들이 늘고 있어. 또한 버리는 페트병 뚜껑을 모아서 만든 지역화폐 '모아'도 운영하고 있어. 비닐봉지 없이 장을 보는 이들에게 지역화폐를 나눠 주는데 이걸 모아서 망원시장에서 현금처럼 쓸 수 있다니 재미있고도 놀라운 발상인 것 같아.

생활 속에서 아예 미세 플라스틱 배출을 줄이려는 창의적인 시도도 있어. 미국 세탁 제품 중에 코라 볼(Cora Ball)이라는 게 있는데, 세탁물과 이걸 세탁기에 넣고 함께 돌리면 합성섬유 부스러기를 상당 부분 수거할 수 있대. 결과적으로 바다에 미세 플라스틱이 흘러가지 못하게 막을 수 있는 거지. 독일에도 비슷한 제품이 있어. 구피 프렌드(Guppy Friend)라는 세탁 주머니인데, 여기에 빨랫감을 넣고 세탁하면 옷감 손상이 덜해서 합성섬유 부스러기가 적게 떨어지고, 그래도 발생하는 섬유 부스러기는 주머니 안에 남아서 따로 버릴 수 있어.

개인이 실천할 수 있는 방법도 많아. 이제 카페 실내에서는 일회용 잔 대신 재활용 가능한 용기에 음료를 담아 주잖아. 여기서 더 나아가 음료를 가지고 나갈 때에도 일회용품을 쓰지 않도록 텀블러를 챙기고 빨대는 거절하자. 빨대가 꼭 필요하다면 스테인리스나 실리콘으로 만든 나만의 빨대를 들고 다니는 방법도 있어. 물론 처음엔 번거롭고 자주 깜빡할 거야. 나도 손수건을 처음 사용할 때는 자주 잊고 나갔는데, 습관이 되니까 외출할 때는 꼭 챙기게 되더구나. 빨대 챙기는 걸 까먹은 날에는 '오늘은 못 했지만 내일은 잘하자' 하면서 자꾸 스스로를 격려해 주자. 한 번에 전부는 아니어도 하나씩 바꿔 나가자는 마음으로.

지구에서 자원을 꺼내 한 번 사용하고 버리는 선형 구조를 순환하는 구조로 바꾸지 못하면 우리 문명은 무너지고 말 거야. 이런 사태를 막으려면 폐기물을 줄이거나 되살려 순환시켜야 한다는 데에는 아무도 이의를 달지 못하겠지.

중요한 것은 소비에 대한 성찰이라고 생각해. 끊임없이 소비하게 만드는 시스템에 끌려다니는 나를 하루쯤 가만히 들여다보는 건 어떨까? 그리고 물건을 사기 전에 적어도 세 번은 묻는 거야. '이게 정말 꼭 필요할까?' 하고. 내가 잠깐 누린 편리함의 대가가 얼마나 큰지 성찰한다면, 생수를 사 마시는 대신에 텀블러를 가지고 다니며 '실천하는 나'를 발견할지도 몰라. 그런 사람이 하나둘 늘어나다 보면 텀블러마저 가지고 다닐 필요 없이 거리 곳곳에 음수대가 생길 수도 있잖아? 캘리포니아를 비롯한 미국의 여러 주에서 공적인 행사에 생수병을 금지하고 음수대를 설치하는 움직임이 일고 있는 것처럼 말이야.

세상은 시민들의 지속적인 요구로 바꿀 수 있다고 생각해. 생각하는 만큼 살게 된다는 말이 있어. 생각하는 만큼 실천하게 되기 때문이겠지!

chapter 05 ···

휴대폰과 전자 쓰레기

세상에서 가장 쓸쓸한 전자 쓰레기 무덤

이 많은 전자 폐기물은 어디로 갈까

지금까지 휴대폰을 몇 번이나 바꿨는지, 혹시 기억하니? 이런 질문을 하면 기억하는 사람이 거의 없더라. 그만큼 많이 바꿔서겠지. 그렇다면 휴대폰은 도대체 왜 그리 자주 바꾸게 될까? 냉장고라면 성능이 하나 추가된 새 제품이 나왔다고 해서 멀쩡한 냉장고를 내다 버리고 새 냉장고로 바꾸진 않잖아. 그런데 휴대폰은 충분히 고쳐 쓸 수 있는 잔고장만 생겨도, 아니면 멀쩡한데도 새 제품이 나오면 바꾸고 싶은 충동이 생기나 봐. 값이 싼 것도 아닌데 말이야. 아마도 그건 휴대폰이 다른 가전제품에 비해 매우 사적인 물건이기 때문이 아닌가 싶어. 그리고 가장 비밀스럽지. 단순한 통신 기능을 넘어서 세상과 소통할 수 있게 해 주는 데다, 친구가 없어도 심심할 새 없게 하는 놀잇감이기도 하고.

그런데 휴대폰에 이런 장점만 있다면 얼마나 좋겠니. 너희는 휴대폰의 단점이 뭐라고 생각하니? 부모님께 여쭌다면 공부에 방해가 된다는 답이 가장 많을 것 같아. 나는 쓰레기 문제를 제일 먼저 꼽고 싶어. 요즘엔 휴대폰을 소유하는 연령대가 점점 낮아져서 초등학생도 많이 갖고 있더라. 이건 휴대폰 소비 인구가 늘어나고 있다는 의미이기도 하지. 한편 과거에 비해 전자제품의 수명이 짧아졌어. 전자제품의 기능이 놀라운 진보를 거듭할 뿐만 아니라 전에 없던 제품도 생기고 있지. 그럴수록 전자제품들이 점점 더 많이, 그리고 점점 더 빨리 버려지고 있단다. 첨단 기술을 적용한 제품이라면 오래 써야 할 것 같은데 오히려 반대야. 이렇게 전자 쓰레기가 증가하고 있어.

전자 쓰레기는 사실 공식 명칭이 아니고, 정확히 말하면 전기 전자 폐기물(WEEE, waste electrical and electronic equipment), 줄여서 전자 폐기물이라고 부르는 게 맞아. 텔레비전, 컴퓨터, 휴대폰, 태블릿 피시 같은 전자제품이 수명을 다하거나 새로운 제품으로 교체하면서 버려진 것을 지칭하지. 우리나라 전자 폐기물 발생량은 2010년 19만 톤에서 2015년 24만 톤으로 5년 사이에 26퍼센트 늘었단다.[1] 그렇다면 우리가 버린 휴대폰을 비롯한 전자 폐기물들은 어디로 가는 걸까?

중국 광동성 구이유(贵屿)라는 지역에는 '전자 폐기물 무덤'이라는 게 있어. 음식물 쓰레기도, 플라스틱 쓰레기도 아닌 전자 폐기물이라니! 이곳에는 전자 폐기물이 산더미처럼 버려져 있는데, 전자 폐기물이라면 거의 다 빨아들인다는 뜻으로 '전자

[1] 강홍윤, "전자 폐기물에서 자원을 캐다" 《작은 것이 아름답다》(243호)

폐기물의 블랙홀'이라고도 불린대. 과연 구이유에 있는 전자 폐기물 가운데 80퍼센트 정도가 전 세계에서 수입한 거라고 해. 구이유뿐 아니라 중국 저장성, 아프리카, 중국, 인도의 가난한 마을로 전 세계 전자 폐기물이 모여들어. '가난'이 이런 무덤을 만든 배경인 셈이지. 이 지역 주민들은 전자 폐기물 속에 남아 있는 부품이나 원료를 얻기 위해서 화학물질 범벅인 전자 폐기물을 아무런 안전장치 없이 다루고 있어. 이 때문에 땅과 공기는 물론이고 하천도 오염되어 악취가 나고, 노동자는 작업하는 동안 발생하는 유해가스를 마시기도 하지. 급기야 마실 물조차 마땅치 않아서 물을 사 와야 할 정도라고 해.

그렇다면 중국은 대체 왜 이렇게 쓰레기를 수입했던 걸까? 1980년대 이후 중국 정부는 자원 부족 문제를 해결하려고 다른 나라에서 재활용할 수 있는 고체 폐기물을 수입해서 산업에 적극 활용해 왔어. 그러다 보니 어느새 세계 최대 '쓰레기 수입 대국'이 되어 버린 거야. 2016년에만 중국은 폐플라스틱을 730만 톤 수입했는데 이게 세계에서 발생한 재활용 쓰레기의 약 56퍼센트를 차지했어. 이렇게 수입한 고체 폐기물은 중국 제조업 발전에 큰 기여를 했다는구나. 쓰레기가 산업을 받쳐 줬다는 거야. 그것도 주로 미국과 일본에서 수입해 온 쓰레기가. 가령 미국에서 수입한 음료수 캔은 중국에서 의류용 섬유나 기계

제작용 금속으로 가공했고, 미국에서 수입한 폐지는 제품 포장재로 만들어 다시 미국에 수출하기도 했어. 플라스틱을 생산할 때 폐플라스틱을 사용하면 필요한 에너지의 87퍼센트까지 절약할 수 있었대. 최근 10년간 중국이 수입한 고체 폐기물(폐지, 폐플라스틱, 폐금속 등) 총량은 5억 톤 이상으로 연간 수입량은 5000만 톤에 달했다고 해.[2] 그러나 중국 정부가 놓친 게 있었지. 바로 환경이야. 급속히 산업화는 이루었지만 대신 폐기물 최대 수입국이라는 오명을 썼고, 자국민의 건강과 생태 환경에 치명적인 문제를 남겼지. 뒤늦게 이런 문제에 눈을 뜬 중국은 환경오염과 국민의 건강 악화를 이유로 들어 2018년부터 단계적으로 폐기물 수입을 중단하기로 했단다. 중국 정부가 이런 결정을 하게 된 배경에는 왕주량 감독이 만든 다큐멘터리 〈플라스틱 차이나(Plastic China)〉[3]가 있어. 왕 감독은 쓰레기가 무역의 대상이 된 게 근본적인 잘못이라고 했어. 쓰레기는 발생한

---

[2] "中 올 연말부터 24가지 고체 폐기물 수입금지" KOTRA 해외 시장 뉴스(2017. 7. 28)

[3] 2016년에 발표한 다큐멘터리야. 재활용 쓰레기 처리장에서 일하는 두 가족의 이야기를 담았는데, 시선은 덤덤하지만 내용은 상당히 충격적이야. 쓰레기가 가득 차 있는 곳에서 이 가족들은 밥을 먹고 자고 놀고 하면서 일을 해. 아이들도 이 안에서 자라지. 이 다큐멘터리를 보면 우리가 누리는 편리함의 대가를 지구 어딘가의 다른 사람, 환경이 치르고 있다는 것을 확인하게 돼. 그리고 자연히 우리의 생활을 돌아보게 되지. 중국의 어두운 면을 담고 있어서 중국에서는 상영을 금지했대.

지역에서 처리하는 게 환경 문제 이전에 윤리적이고 도덕적으로 옳은 일이라는 거지.

쓰레기 수입을 제한했으니 앞으로는 중국의 전자 폐기물 무덤이 없어질까? 중국 정부가 정책적으로 제한했으니, 적어도 줄어들긴 하겠지. 하지만 그런다고 중국으로 향하던 전자 폐기물이 아예 사라지는 건 아니잖아. 그 폐기물들은 여전히 가난한 나라로 가고 있단다. 서아프리카의 나이지리아와 가나, 인도와 파키스탄, 동남아시아의 베트남, 말레이시아, 필리핀 등 주로 저개발 국가들로 말이야.

편리는 선진국에, 피해는 가난한 이들 쪽으로

왜 어떤 나라는 쓰레기를 다른 나라로 보내는 걸까? 이유는 여러 가지인데 일단 현대사회가 많이 생산하고 많이 소비하고 많이 버리는 소비 구조를 갖고 있기 때문이야. 특히나 전자 폐기물은 휴대폰, 태블릿 피시, 컴퓨터 등의 소비가 늘어나면서 폭발적으로 증가하는 추세야. 유엔대학(UNU) 자료에 따르면 전 세계에서 쏟아지는 전자 폐기물 양이 2014년에는 4180만 톤이었고, 2018년에는 5000만 톤으로 증가할 거라고 전망했어.[4]

전자 폐기물은 유해물질을 많이 포함하고 있는데, 이런 물질은 처리 규제가 엄격해서 아무 데나 버릴 수 없는 데다, 폐기물은 계속 증가하는 추세야. 이러니 나라마다 전자 폐기물 처리 문제로 골치를 앓고 있는 거지. 그래서 규제가 느슨해서 비교적 쉽게 받아 줄 만한 나라를 찾게 되었어. 가난한 나라에서는 재활용에 드는 비용이 낮기 때문에 전자 폐기물에서 자원을 추출해 이윤을 낼 수 있으니 환영할 일이고 말이야. 전자 폐기물 재활용이라는 측면에서 보면 반가운 일이라고도 할 수 있어. 그러나 앞서 설명했듯이 전자 폐기물에 들어 있는 온갖 유해한 물질로부터 사람과 땅 등 생태계를 보호할 수 없으니 큰 문제지. 예를 들어 선진국은 플라스틱을 소각하면서 나오는 열을 회수하여 에너지로 사용하는데, 저개발 국가에는 소각 시설이 충분하지 않아서 불법 소각하는 경우가 많아. 플라스틱 쓰레기를 함부로 태우면 거기서 나오는 유해가스로 환경이 오염될 일은 불 보듯 뻔하지. 하지만 당장 먹고사는 문제를 해결하느라 환경 문제는 늘 뒷전인 것 같아. 왜 가난한 나라, 그중에서도 가

---

❹ 환경부 산하의 한국환경산업기술원에서 이 자료를 우리말로 옮겨 요약했는데, 제목은 〈2014 글로벌 전기전자폐기물 현황 보고서(The Global E-waste Monitor)〉야. 관심 있는 친구들은 참고해 보자.

난한 지역으로 전자 쓰레기가 이동하는지 이제 이해가 되니?

전자 폐기물에 그토록 유해 화학물질이 많다면 생산 과정은 안전할까? 한국산업안전보건공단이 2012년에 발표한 자료에 따르면 반도체 공장에서 일하는 노동자들이 노출될 가능성 있는 화학물질이 131종이나 된다는구나. 이 가운데 21종은 발암물질이고 28종은 생식독성 물질이야. 우리나라에는 반도체 생산 공장이 11개 있는데 평균적으로 216±125개의 화학물질을 사용한다고 해. 반도체 공장에서 일하던 노동자들이 백혈병으로 사망하는 사고가 30건 이상 일어났어. 그러나 회사에서는 반도체 산업이 어떤 업종보다도 안전하기 때문에 발병 원인이 사업장에 있지 않다는 말만 되풀이했지. 안전교육은커녕 환기 시설조차 변변치 않은 사업장에서 일하던 이들이 공통적으로 같은 병에 걸렸는데도 정말 책임이 없는 걸까? 휴대폰 부품을 만드는 하청업체에서 일하던 30대 남성이 시력을 잃은 사례도 있어. 표면을 매끄럽게 만드는 데 쓰는 메탄올 때문이었어. 메탄올은 독성이 매우 강한 물질이어서 다룰 때 주의해야 하는데 특별한 보호 장비 없이 작업을 했다고 해. 노동건강연대에 따르면 이렇게 휴대폰 부품 공장에서 일하다 메탄올 때문에 시력을 잃은 노동자가 6명이나 된다는구나. 우리에게는 더할 나위 없이 편리한 물건을 만드느라 누군가는 시력을, 누군가는 생명을 잃는 현실이 매우 안타까워. 그동안 휴대폰을 버리고 새로 사는 것을 얼마나 쉽게 생각했는지 돌아보게 되더구나. 사람의 희생은 전해 듣게라도 되지만, 알려지지 않은 희생은 또 얼마나 많을까?

자꾸 새 물건이 사고 싶어지는 이유

내가 어릴 적에는 동네마다 전파사라는 가게가 있었단다. 집에서 사용하던 가전제품이 고장 나면 으레 전파사로 들고 갔어. 전파사 주인은 폐기 처분한 가전제품 속에 있던 부품을 모아 놨다가, 그걸 사용해서 고장 난 제품을 수리했지. 그렇게 고친 제품을 중고로 팔기도 했고. 일종의 재활용 정거장이었어. 경험과 기술이 축적되면 제조 회사가 다른 제품이라도 이리저리 부품을 바꿔서 고장 난 물건을 고칠 확률도 높았어. 전파사 중에서도 특별히 잘 고치는 곳을 만나면 마법사를 만난 듯 기뻤단다. 그런데 점점 전자제품 종류가 많아지고 크기가 커지고 유행이 빠르게 변하자 대기업 서비스 센터가 동네 전파사를 대신하게 됐어. 전화 한 통이면 수리 기사가 집으로 방문해서 고쳐 주니 편리함을 돈으로 지불하는 시대가 열린 거야. 대신 서비스 센터는 자기네 회사에서 생산하는 제품이 아니면 고치지 못한다는 단점이 있더구나. 생산을 중단한 제품인 경우에는 부품을 구하기도 어려웠고. 고치기보다 새 제품을 사는 게 쌀 때도 있어. 대개 서비스 센터가 있는 곳에 매장도 같이 있으니 고치러 갔다가도 새 제품을 사기로 마음을 바꾸기도 쉽지.

재활용보다 더 좋은 방법은 물건을 오래 사용하는 거라고 생각해. 그런데 왜 이리 자주 휴대폰을 바꾸는 걸까? 여기엔 기업의 의도가 숨어 있을지도 몰라. 잘 쓰던 휴대폰이 약정 기간이 끝나 갈 무렵이면 희한하게 잔고장을 일으키지. 이러니 적절한 시점에 제품이 조금씩 문제를 일으키도록 설계되어 있을 거라는 의심을 거둘 수가 없어.[5] 물건이 꾸준히 팔려야 기업이 먹고사는데, 물건이 너무 튼튼해서 고장이 안 나거나, 부품을 한두 개 교체하는 것만으로 오래 쓸 수 있으면 곤란할 테니까. 그래서 기업은 방법을 마련했단다. 새로운 제품 모델을 자꾸 만들고, 전에 생산한 제품 생산 라인을 없애 버리는 거야. 그러면

[5] 실제로 2017년 애플 사는 아이폰을 사용하기 시작한 뒤 일정 시간이 지나면 배터리 성능이 떨어지도록 고의로 조작했다고 시인했어. 아이폰 운영 체제 업데이트가 성능을 저하시켰다는 증거도 나왔다고 해. 이듬해 애플은 휴대폰 배터리 교체 서비스로 악화된 여론을 잠재우려고 했지만, 여기에도 비용을 받는 등 소비자의 편의를 고려하지 않아서 세계 곳곳에서 집단소송이 일어났어.

부품을 구하기가 어렵거나 불가능해지지. 구하더라도 가격이 만만찮아서 수리를 포기할 수밖에 없고. 더 확실한 방법은 애당초 일정 시간이 흐르면 바꿀 수밖에 없도록 설계하는 거지. 이걸 계획적 진부화라고 해. 일종의 판매 전략인 셈이야.

계획적 진부화는 경영학에서 처음 쓴 용어인데, 수요를 늘릴 목적으로 제품을 진부하게, 그러니까 낡아 빠지고 새롭지 못한 것으로 만드는 기업의 행동을 말해. 계획적 진부화는 크게 세 가지로 구분할 수 있는데, 첫째는 기술적 진부화야. 이전 기술을 구식으로 만드는 거지. 디지털 텔레비전이 아날로그 텔레비전을 대신하도록 만드는 것처럼 말이야. 둘째는 심리적 진부화인데, 광고 등을 통해 '지금 당신이 가지고 있는 것은 너무 낡고 보잘것없다'라는 메시지를 전하는 거야. 기능은 같지만 디자인을 바꾼 제품으로 유행을 만드는 것도 여기에 속해. 새로운 휴대폰으로 바꾸는 이유 가운데 이 심리적 진부화도 작동하는 것 같지? 마지막으로 가장 중요한 진부화는 앞서 이야기한 것처럼 제품을 설계할 때부터 어느 시점에 성능이 떨어지도록 설계하는 거야. 이건 시간적 진부화라고 해. 제품의 수명을 조작하는 거지. 이 때문에 기술은 나날이 발전하는데도 물건의 수명이 짧아지는 거고.

1940년대 듀폰 사가 만든 나일론 스타킹은 자동차를 한 대

끌 수 있을 만큼 튼튼하고 올도 풀리지 않았다고 해. 하지만 요즘에 그런 스타킹은 없지. 그렇게 되면 스타킹 소비가 거의 일어나지 않을 테니까 말이야. 이런 사례들은 너무나 많단다. 오직 많이 팔아서 이윤을 극대화하려는 기업의 논리가 자원 낭비와 폐기물 처리라는 과제를 인류에게 남긴 꼴이 되고 말았어.

한편 소비자는 고장 난 가전제품을 기업에서 가져가니 어떻게 버리나 하는 고민에서 해방이 되어 쓰레기 문제를 잊게 된 게 아닌가 싶기도 해. 버리는 게 어려우면 물건을 사기 전에 한 번이라도 더 생각할 텐데 말이야. 여기에 더해 제품의 크기가 커진 것도 문제야. 꼭 그럴 필요가 없는 물건도 '이왕이면 큰 거'라고 생각하게 되었지. 우리나라의 1인당 전기소비량이 1989년부터 2014년 사이, 25년 동안 5배 이상 가파르게 증가[6]했는데, 가전제품의 크기와 종류 확대가 분명 관련이 있을 거라고 생각해. 유발 하라리가 쓴 《사피엔스》에 따르면 전 세계 인구가 지난 500년 동안 5억 명에서 70억 명으로 14배 증가한 데 비해 하루에 소비하는 에너지는 13조 칼로리에서 1500

---

❻ 구글 퍼블릭 데이터(Public Data)의 세계개발지표에서 "1인당 전기 소비량" 추이 그래프를 참고했어. 1984년에는 1인당 전기 소비량이 2095.19킬로와트시였다가 2015년에는 10496.51킬로와트시로 훌쩍 뛰었지.

조 칼로리로 115배 늘었다고 해. 인구도 증가하지만 엄청나게 에너지 소비도 증가하는데, 자원을 점점 더 많이 꺼내 쓰는 일이 언제까지 가능할까? 물건을 소비하면서 자원의 유한함을 동시에 고민하는 사람은 얼마나 될까? 아메리카 선주민들은 늘 7세대 뒤를 생각하며 살았다고 하던데 우리는 '다음'을 생각하고 있기는 한 걸까?

이미 꺼내 쓴 자원을 순환시키자

2016년에 삼성 갤럭시가 세계 뉴스의 중심이 된 적이 있어. 그것도 두 번씩이나. 이 회사에서 만든 휴대폰이 문제였지. 처음에는 '사상 최고의 안드로이드폰'이라는 찬사가 쏟아졌어. 눈의 홍채를 인식하는 세계 최초의 제품인 데다 여러 새로운 기능이 있었거든. 그런데 제품이 나온 지 겨우 5일이 지나고부터 100건이 넘는 폭발 사고가 발생했단다. 심지어는 이륙을 준비하던 비행기 안에서도 터졌지. 결국 회사는 제품이 나온 지 54일 만에 생산을 중단했고 대규모 리콜 사태가 벌어졌어. 당시 해당 휴대폰은 이미 약 430만 대가 생산되었는데 무게로 따지면 약 730톤이었어. 그런데 회사는 글쎄, 리콜 대상 휴대폰을 전부 폐기하겠다고 한 거야. 730톤이나 되는 휴대폰에는 금이 약 100킬로그램, 은 약 1톤, 그리고 1톤 이상의 텅스텐 등이 포함되어 있는데 그걸 다 버리겠다고 한 거지. 환경단체에서는 폐기가 아니라 재활용 방법을 찾아야 한다고 주장했어. 기업에는 희소 광물을 윤리적으로 소비해야 할 책임이 있을 뿐 아니라, 전량 폐기할 경우에 발생할 환경오염을 우려했기 때문이야. 결국 결함의 원인이었던 배터리만 교체한 리퍼 제품을 출시했어. 정말 잘된 일이지.

지금까지 우리가 쓰다가 버린 그 많은 휴대폰과 전자제품들은 대체 지금 어디에 어떤 상태로 있을까? 버려진 전자 폐기물에는 얼마나 많은 자원이 있을까? 주변 생태계까지 오염시켜 가며 지구에서 꺼낸 자원이니만큼 가능하면 폐기하기보다는 순환시키도록 노력해야 할 거야.

혹시 너희 책상 서랍 속에도 잠자고 있는 휴대폰이 있니? 이제는 서랍 속에 꽁꽁 숨겨 둔 폐휴대폰에게 세상 구경할 기회를 주는 게 좋겠어. 왜냐하면 폐휴대폰에는 금, 은, 팔라듐 등 16종 이상의 희귀금속이 포함되어 있거든. 이런 희귀금속을 서랍 속에서 묵히는 건 자원 낭비 아닐까?

2018년을 기준으로 전 세계에서 연간 생산되는 휴대폰은 20억 대 가까이 된대. 우리나라에서 한 해 발생하는 폐휴대폰은

2009년 기준으로 대략 1400만 대인데 이 가운데 약 300만 대만 재활용을 위해 수거되고 1100만 대는 집 안 장롱이나 서랍에 갇혀 있거나 쓰레기로 배출되지. 이렇게 자원을 쌓아 두고도 새 제품을 만드느라 또 자연에서 자원을 꺼내면, 에너지를 새로 소비하고 폐기물은 점점 늘어나는 악순환이 될 뿐이야. 자원을 채굴하고 정련하는 과정에서 생태계도 심하게 오염이 된단다. 버리는 휴대폰 1톤에서 금을 200~400그램 추출할 수 있는데 금광석 1톤을 채굴해서 얻을 수 있는 금은 겨우 5그램 정도야. 휴대폰에서 금을 회수하는 게 금광에서 금을 채굴하는

것보다 최대 80배나 채산성이 높은 거지. 폐휴대폰을 재활용하지 않고 버리면 토양을 오염시키기도 해. 휴대폰을 구성하는 금속 가운데에는 납이나 비소 같은 유해물질도 있거든.

전자 폐기물 발생을 줄이고 유해물질로부터 조금이라도 안전한 세상을 만드는 데 우리가 할 수 있는 역할이 벌써 하나 생겼지? 집에 있는 폐휴대폰 재활용에 동참하는 거야. 우체국에서 폐휴대폰을 수집하는데, 서울의 경우 우체국에서 수집한 폐휴대폰을 서울자원순환센터로 모아. 그곳에서 필요한 금속을 회수하여 재활용하지. 여기서 나온 수익금으로 지역 사회와 자선

단체에 후원을 해.

서울시는 '도시 광산'이라는 프로그램을 운영하고 있어. 도시에 광산이라니 어리둥절할 친구들도 있을 텐데, 폐휴대폰, 피시 같은 가전제품에서 금, 은, 구리 등 가치 있는 금속을 추출해서 재활용하는 사업이야. 금속을 캔다는 의미에서 광산이라고 이름을 붙였대. 가전회사에서도 폐휴대폰을 수집한다는구나. 휴대폰을 모아 전문 재활용 업체로 보내서 값어치 있는 부품을 팔아 소외 계층을 돕는 데 쓴다고 해. 자원을 순환시키면서 이웃까지 보살피는 이런 시도, 참 좋지?

재활용 단계로 넘어가기 전에 사용 기간을 늘리는 게 가장 좋다고, 앞서 이야기했지? 혹시 이런 생각 해 본 적 있니? 전자제품이 고장 났을 때 왜 스스로 고쳐 쓸 순 없을까? 왜 꼭 서비스 센터에 가서 수리를 받아야 할까? 동네 전파사에서 부품을 판다면 서비스 센터에 가서 기다리는 번거로움도 없고 버려지는 전자제품 수가 줄지 않을까? 실제로 이런 생각을 하는 사람들이 있단다. 유럽, 미국 등에서는 사용자가 수리할 권리를 요구하는 목소리가 높아졌어. 재활용도 좋긴 하지만 그보다는 제품을 오래 사용할 수 있게 누구나 수리를 할 수 있는 시스템을 만들자는 거야. 한두 가지 부품만 바꾸면 더 쓸 수 있는데 제조사만이 수리가 가능하게 만든 법 때문에 전자 폐기물이 늘어난다면서 말이야. 2019년 1월에 유럽연합 환경부는 제조업체들이 제품을 더 오래 사용할 수 있고 수리가 쉽게 만들도록 의무화하는 법안을 도입하기로 결정했어. 이 법안을 만들기 위해 제품 사용자들과 수리 전문가 그룹, 많은 시민단체, 법률 전문가들이 함께 지속적으로 노력했단다.

전자 폐기물을 줄이는 길은 모두에게 달려 있다

자동차의 매연을 줄이거나 냉장고에 성에가 끼지 않게 하는 기술은 삶에 도움이 되지. 이런 기술은 환영할 만해. 그런데 필요에 의한 발전이 아니라 필요를 만들어 소비하도록 만드는 구조는 생각해 봐야 할 것 같아.

세상은 우리에게 필요를 끊임없이 만들어 주고 있어. 어딜 가든 우리의 시선을 집요하게 끌어당기는 광고는 소비를 부추기는 데 가장 중요한 역할을 하지. 새로운 물건을 지속적으로 소비자들에게 노출해서 지금 가지고 있는 물건을 낡고 진부한 것처럼 느끼게 만드는 거야. 자원은 한정되어 있고, 폐기물을 처리할 공간이 부족한 지구에서 이런 생산 방식은 문제가 많아. 시민은 기업에게 과잉 생산을 멈추라고 압력을 행사할 필요가 있다고 생각해.

모든 문제가 그렇듯이 시민의 힘만으로는 부족해. 정부는 폐기물을 줄일 수 있는 제도를 마련하고 기업은 그에 따라야 하지. 그 일환으로 전자 폐기물을 재활용할 수 있도록 만든 제도가 있어. 생산자책임재활용(EPR, Extended Producer Responsibility) 제도라는 건데 생산자가 물품의 폐기와 재활용까지 책임지는 걸 말해. 책임이라는 건 결국 비용을 분담한다는 얘기야. 폐기물 부담금 제도라는 것도 있어. 폐기물 발생을 생산 단계에서부터 억제함으로써 자원 낭비를 막기 위한 제도야. 유해물질 또는 유독물을 포함하고 있거나, 재활용이 어렵고 폐기물 관리상 문제를 일으킬 수 있는 제품, 재료, 용기에 대한 폐기물 처리 비용을 해당 제조업자 또는 수입업자가 부담하도록 하는 거야. 그렇게 생산 단계에서부터 폐기물 발생을 억제하고 자원 낭비를 막고자 한 거지.[7]

아예 제품을 생산할 때부터 재활용이 쉽도록 만드는 것도 좋은 방법이야. 폐기물을 재활용하려면 분해를 해야 하는데, 제품을 분해가 쉽도록 만들거나 한 제품에 들어가는 재료 수를 가능

---

[7] 《최원형의 청소년 소비특강—대량 소비가 만든 쓰레기 이야기》(최원형 지음, 철수와영희, 2017)

한 한 줄이면 재활용에 드는 에너지나 수고가 줄어들 테니까.

제임스 하워드 쿤슬러가 쓴 《장기 비상시대》(갈라파고스, 2011)라는 책에 이런 말이 나와. "석유, 천연가스의 유혹이 너무 강했고 우리를 완전히 사로잡아 버려서 우리는 자연이 준 그 기적의 선물들이 지닌 본질적 특성을 더 이상 눈여겨보지 않게 되었다. 그것들이 유한하고 재생 불가능하며, 고르게 분포해 있지 않는 자원이라는 것을 망각했다".

서랍 속에 잠자는 휴대폰을 깨워 우체국에 가져다주자. 이 작은 행동이 다른 망각을 깨는 열쇠가 될 수도 있어!

chapter 06 …

패스트 패션과 노동자

노동하는 사람의 눈물을 입다

다 팔렸어요, 하지만 언제든 살 수 있답니다?

유명 연예인이 영화나 드라마에서 입고 나온 옷이나 사용하는 물건이 순식간에 유행이 되고 잘 팔리면 그 연예인을 완판녀 혹은 완판남이라고 부르더라. 완판의 뜻은 해당 물건이 다 팔렸다는 뜻이야. 그러니까 더 이상 구할 수 없어야 하는데, 사실은 언제든 살 수 있지. 이런 용어는 물건에 관심을 쏠리게 하고 소비를 부추기는 말이라고 할 수 있어. 소비 지향적이고 유행에 휩쓸리는 세태를 반영하는 말이 아닐까 싶어. 전철이나 길거리에서 똑같은 물건을 든 사람과 마주치면 기분 나빠 하면서도, 왜들 그리 누군가를 따라 하고 싶어 하는 걸까? 이 심리의 배경엔 뭐가 있을 것 같니? 내 생각에는 두려움이 아닌가 싶어. 나만 소외되는 거 아닌가 하는 두려움. 남들은 다 입고 있고 갖고 있는데 나만 그러지 못했을 때 생기는 상대적 박탈감일 수도 있지. 사람은 각자 개성대로 살도록 태어났는데 왜 이렇게 서로 비교를 하는 걸까? 어쩌면 우리가 살고 있는 지금 이 시대가 무한경쟁의 시대라는 것과도 연결 지어 생각해 볼 수 있을 것 같아.

하지만 아무리 유행하는 물건이 갖고 싶고, 따라 입어 보고 싶다고 해도 너무 비싸면 엄두를 못 낼 거야. 그런데 마침 누구나 쉽게 살 수 있을 정도로 저렴한 브랜드가 등장했지. 패스트 패션(Fast Fashion)이 그런 거야. 패스트 패션은 유행을 즉각 반영해서 빨리 만들고, 빨리 유통시키는 패션을 말해. 요즘엔 유행이 바뀌는 속도가 더 빨라져서 울트라(Ultra) 패스트 패션까지 등장했더구나. 스페인의 자라(ZARA), 스웨덴의 에이치앤엠(H&M), 일본의 유니클로 같은 회사가 대표적인 패스트 패션 기업이야. 이들 기업이 재빨리 유행에 맞춰 새로운 디자인의 옷을 생산하는 것만큼이나 신경 쓰는 게 한 가지 더 있는데, 바로 옷값이야. 패스트 패션 옷들이 대개 중저가인 까닭은 소비자로 하여금 쉽게 지갑을 열어 소비하도록 만들기 위해서야. 샌드위치 하나, 커피 한 잔 가격보다 싼 티셔츠도 있더구나. 그렇게 빨리, 다양한 디자인의 옷을 계속 만들어 내면서 어떻게 옷값을 그리 싸게 매길 수 있을까? 그리고 옷값이 싸면 좋기만 한 걸까?

스키니진이 그렇게 편해?

《스키니진 길들이기》(김정미 외 지음, 푸른책들, 2014)라는 청소년 소설 단편집이 있어. 표제작인 〈스키니진 길들이기〉의 주인공 이송희는 남자친구에게서 생일 선물로 분홍색 스키니진을

선물 받았는데 하필 제일 작은 사이즈였던 거야. 통통한 이송희는 그 스키니진을 곧 있을 수련회 때 입으려고 눈물겨운 다이어트를 시작해. 하지만 스키니진은 이송희의 소원을 좀체 들어주질 않아. 들어가지 않는 다리를 밀어 넣느라 침대에 누워서 입기도 하지. 간신히 바지에 몸을 맞췄다고 생각하는 순간, 그만 허벅지 안쪽 봉제선이 터졌어. 찢어진 틈 사이로 허벅지 살이 볼록 튀어나오는데 작가는 그 순간을 "허벅지가 '아휴, 이제야 살 것 같네'라고 말하는 것 같"다고 표현했지. 스키니진을 입은 이들을 볼 적마다 '아휴, 살들이 얼마나 답답할까' 했던 내 생각과 어쩜 그리도 비슷하던지 읽다가 한참을 웃었어. 이송희는 들어가지도 않는 몸을 스키니진에 맞추다가 문득 스키니진이 자신을 길들이고 있는 걸지도 모른다는 생각을 했어.

너희도 스키니진 갖고 있니? 스키니진을 입으면 어떤 기분이 드는지 궁금하구나. 스키니진은 날씬해 보이려고 입는다지. 그런데 그건 어디까지나 남에게 비춰진 모습이고 그 옷을 입는 자

신은 어때? 하체를 꽉 조이니 불편하지 않니? 그런데도 불편을 감수하고 입는 것은 남의 시선을 중요하게 여기기 때문이니? 아니면 자기만족?

작은 사이즈 위주의 옷들 때문에 오늘날 다이어트 열풍은 산업으로까지 커졌어. 기업들이 옷을 작게 만드니까 옷에 몸을 맞춘다는 표현이 맞는 것 같아. 이송희가 말하듯 옷이 우리를 길들이는 거지. 너희는 어떻게 생각하니? 옷에 몸을 맞춰야 한다고 생각하니, 아니면 몸에 옷을 맞춰야 한다고 생각하니? 몸 치수를 재서 옷을 만들어 입던 과거와 달리 요즘은 기업이 정해 놓은 사이즈에 맞춰 옷을 입고 기업이 만들어 내는 유행에 끌려가고 있지. 울트라 패스트 패션이라는 말에서 기업이 얼마나 빠른 속도로 새로운 유행을 이끄는지 느낄 수 있어. 이토록 빨리, 그리고 싼 가격에 옷을 생산하는 비결은 뭘까?

옷값에 숨어 있는 노동자의 눈물

옷에도 출신지가 있단다. 윗옷의 뒷덜미나 왼쪽 아래 솔기에 붙은 꼬리표를 보면 그 옷이 어디서 만들어졌는지 알 수 있어. 패스트 패션 의류의 꼬리표에는 메이드 인 차이나(made in

China), 메이드 인 인디아(India), 메이드 인 캄보디아(Cambodia) 등이 많아. 과거 우리나라가 수출 주도로 경제 성장을 할 당시에는 메이드 인 코리아 꼬리표를 단 의류가 많았던 것과 비슷한 이유지. 인건비가 싼 저개발 국가로 의류 공장이 이동했기 때문이야. 우리가 저렴한 옷을 유행 따라 입을 수 있게 된 데에는 싼 인건비라는 현실이 있는 거지.

이 이야기를 하자니 방글라데시에서 벌어졌던 라나 플라자 붕괴 사고를 얘기하지 않을 수 없구나. 그 건물에는 베네통, 자라, 망고 등 우리에게도 익숙한 의류 브랜드를 포함해 패스트 패션 의류(일명 SPA[1]) 공장들이 있었지. 이 사고로 공장에서 일하던 노동자 1138명이 사망했고 2500여 명이 다쳤어. 기가 막힌 건 사고 전날에 이미 심한 균열이 감지됐다는 거야. 그래서 은행과 상점들은 휴업했지만 의류 공장 노동자들은 그대로 일을 하다가 참변을 당했어. 희생자 대부분이 여성이었지. 이들의 한 달 임금은 38달러였어. 하루 일당이 1달러를 겨우 넘는

[1] SPA는 'Specialty Store Retailer of Private Label Apparel'의 머리글자를 따서 만든 말이야. 전통적인 의류 회사는 옷을 디자인하고 제작하는 역할까지만 하고 판매와 유통은 다른 회사가 하는데, SPA 회사들은 이 모든 과정을 직접 하지. 백화점에서 옷을 파는 대신 회사가 소유한 매장에서 판매하는 등 중간 단계에 필요한 비용을 획기적으로 줄일 수 있기 때문에 결국 소비자에게 판매하는 옷값을 낮게 책정할 수 있어. SPA는 패스트 패션이라는 이름에 걸맞게 제품 기획부터 판매까지 2주 정도면 할 수 있다니 정말 엄청난 속도야.

정도였지. 사고 후 그들의 노동 환경이 얼마나 열악했는지, 시급이 얼마나 낮았는지를 알게 된 스웨덴의 환경단체들은 에이치앤엠을 향해 "피로 짠 옷을 입지 않겠다", "우리는 돈을 더 내고 옷을 사겠다"라는 구호를 외치며 노동자들의 처우 개선을 요구했어. 에이치앤엠은 사고가 일어난 라나 플라자에 입주하진 않았지만 패스트 패션의 선두주자였기 때문에 결코 이런 문제에서 자유롭지 않았거든. 이후 그곳 노동자들의 작업 환경이나 처우가 달라졌냐면 그렇지도 않은 것 같아.

몇 년 전 스웨덴에서는 에이치앤엠의 노동 실태를 고발하는 《패션의 노예들(Modeslavar)》[2]이라는 책이 출간되었는데, 이 책에는 미얀마에 있는 에이치앤엠 공장에서 14살 어린이가 하루 3달러를 받으며 12시간 노동을 한다는 내용이 등장해. 에이치앤엠은 국제노동법상 위반은 아니라고 해명했지만 국제노동기구(ILO)는 위반이 아니라 해도 초과 근무를 하거나 늦은 밤까지 노동하는 것은 또 다른 문제이며 특히 아동이 힘든 노동에 노출되는 것은 국제법 위반이라고 제동을 걸었어. 아동 노동은 에이치앤엠만의 문제가 아니란다. 인건비 절감을 원하는 모든 기

---

[2] 2016년에 토비아스 안데르손(Tobias Andersson), 모아 케른스트란드(Moa Kärnstrand)라는 두 언론인이 쓴 책으로 패션 비즈니스계의 어두운 면을 고발했어.

업이 안고 있는 문제지.

우리가 쉽게 입고 버리는 옷이 어린아이들이 힘들게 만든 옷이라는 걸 알게 되면, 싼 옷값이 전처럼 달갑지만은 않을 거야. 옷값이 싸다는 건 누군가의 눈물로 만들어졌다는 뜻이니까. 그럼 이제 어떡해야 할까? 사실 이 문제를 개인이 해결할 방법은 별로 없어. 싼 옷을 사 입지 않으면 된다고 쉽게 얘기할 수도 없는 게, 공정한 과정을 거쳐 만든 옷을 입고 싶어도 그런 옷을 팔지 않는다면 무슨 수로 사겠니. 그러니 무엇보다 선행돼야 하는 게 기업이 노동자에게 정당한 대우를 하는 것이지. 그러기 위해서는 정부가 노동자의 노동권을 보장하는 제도를 만들고 기업을 관리·감독해야 해. 노동자에게 최저임금을 보장하는 것도 아주 중요하고. 우리나라에서 최저임금제를 도입하려고 했을 때 일부에서는 저항이 꽤 거셌단다. 기업 입장에서는 최소 투자로 최대 이윤을 내고 싶을 테니까. 여기서 분배의 문제를 생각하지 않을 수 없어. 분배가 공평하지 못한 사회는 건강한 사회일 수가 없지. 그러고 보면 옷을 입는다는 것은 노동과 분배까지 연결되는 일이구나.

환경오염은 약한 사람들 쪽으로

인도 남부 타밀나두주에는 노이얄강을 막은, 매우 거대한 오라투팔라얌이라는 댐이 있어. 그런데 댐 가까이에서 보면 바짝 마른 시뻘건 땅이 보여. 노이얄강 물에는 우리나라가 4대강 사업으로 물을 가둬서 녹조가 생겼던 것처럼 녹색 거품이 둥둥 떠 있어. 노이얄강에서 서쪽으로 약 32킬로미터 떨어진 곳에 세계 최대 의류 산업 도시인 티루푸르가 있지. 이곳 의류 공장에서 쏟아져 나온 독성 폐수가 노이얄강을 오염시킨 거야. 방글라데시 다카의 부리강가강, 캄보디아의 메콩강 등도 심각하게 오염되어서 강 유역에서 농사를 제대로 지을 수 없을 지경이고, 식수도 오염됐으며, 주민들은 심각한 질병에 걸릴 위험에 처했어.

환경단체인 그린피스에 따르면 청바지 한 벌을 만드는 데 물이 약 7000리터가량, 티셔츠 1장을 만드는 데는 약 2700리터가 필요하대.[3] 7000리터라니 단번에 가늠이 잘 안 되지? 환경부가 발표한 상수도 통계 조사[4] 결과에 따르면 2016년 기준으로 우리나라 인구 1명이 하루에 사용하는 수돗물 양은 평균 287리터래. 287리터면 2리터짜리 생수통으로 자그마치 143병이 넘어. 4인 가족으로 계산하면 하루에 1148리터나 되지. 4인 가족이 대략 6일 정도 쓰는 물을 청바지 한 벌 만드는 데 쓰는

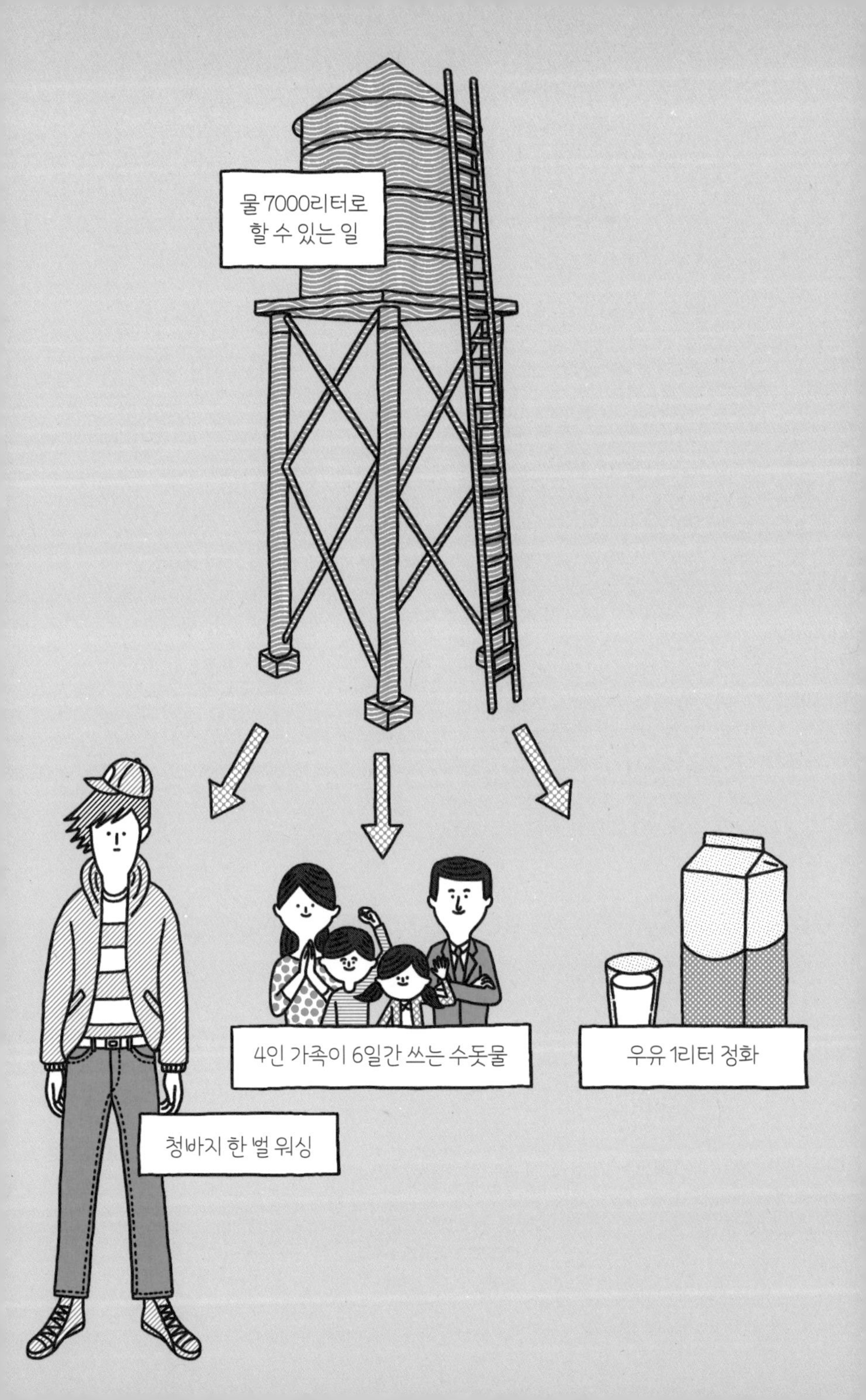
물 7000리터로
할 수 있는 일
4인 가족이 6일간 쓰는 수돗물
우유 1리터 정화
청바지 한 벌 워싱

거야. 이제 좀 가늠이 되니?

게다가 요즘은 청바지에 자연스레 낡은 느낌을 준다고 워싱이라는 작업을 하는데, 천을 찢고, 긁고, 달구고, 삶는 과정에서 많은 오염이 발생한다고 해. 이때 물뿐 아니라 광물이나 전기, 화학약품 등을 많이 쓰다 보니 자연스레 오염물질이 많이 나오는 거야. 이런 작업을 모두 수작업으로 한다니, 이 일을 하는 노동자들이 몸으로 직접 입을 피해는 또 얼마나 클까 싶어.

비단 청바지만의 문제가 아니지. 다양한 디자인의 옷에는 염색 등 가공이 필요하니 물을 엄청나게 소비하고, 오염물질을 뿜을 거야. 그래서였을까. 미국은 지난 20년 동안 의류 생산을 주로 아시아의 공장에 맡기는 아웃소싱(outsourcing)[5]을 했어. 앞서 언급한 꼬리표들이 하나같이 아시아의 나라를 가리켰다는 걸 기억해 보렴. 미국 의류신발협회(AAFA)에 따르면 2012년 미

---

[3] 물 오염 문제가 심각하다 보니 요즘엔 물을 사용하지 않고 원단을 레이저 등으로 가공하거나, 아니면 버려진 청바지를 재활용해서 새 청바지를 만드는 기업도 있어. 이 내용은 《조선비즈》 "청바지 한 벌 만드는데 물 7000ℓ? 낡아서 멋진 청바지의 진실"(2017. 5. 2)이라는 기사를 참고했어.

[4] 〈2016 상수도 통계〉(환경부)

[5] 1980년대 미국 기업에서 실행하기 시작한 경영 방식으로, 기업이 업무의 일부를 제3자에게 맡기는 걸 말해. 경쟁력이 높은 분야는 기업이 그대로 맡고, 효율이 떨어지는 분야는 그 분야에서 경쟁력이 있는 업체에 맡김으로써 결과적으로 효율을 높이는 거지. 물론 여기에서 든 사례처럼 오염물질을 많이 배출하는 일을 가난한 나라에 맡겨서 처리에 드는 비용을 아끼려고 하는 행위는 윤리적으로 문제가 있지.

국 내에서 팔린 옷의 97퍼센트가 해외에서 생산한 옷이었다고 해. 의류 공장이 있는 지역 주민들은 오염으로 시달리고 있는데 말이야. 오염의 고통은 아시아가 떠안고, 싼값으로 옷을 사는 즐거움은 미국인이 누린다? 너무 불공평해 보이지 않니?

옷을 버리는 기가 막힌 방법들

옷을 만드는 과정뿐 아니라 버린 옷도 지속적으로 오염원이 돼. 고작 2주 정도 매장에서 팔다가, 팔리지 않은 옷은 아웃렛 등을 거쳐 싼값에 팔지. 그래도 남으면 땅에 묻거나 소각한대. 2016년 기준으로 한 해 7500톤이나 되는 옷이 킬로그램당 500원 안팎에 동남아, 아프리카 등으로 수출되고 있기도 해. 하지만 고가 브랜드 의류는 싼 가격에 할인 판매할 경우 브랜드 이미지가 실추될 우려가 있다고 해서 싸게 팔아 보려는 시도도 하지 않고 소각해 버린다지 뭐니. 트렌치코트로 유명한 영국의 명품 브랜드인 버버리는 한 벌당 200만 원을 웃도는 멀쩡한 옷, 화장품 등을 2017년에만 약 420억 원어치나 태워 없앴어. 그 물건들을 만드는 데 쏟아부은 노동력과 자원에 대한 존중이 없다는 게 참 씁쓸하더구나.

고가 브랜드가 아니어도 이런 일은 종종 일어나. 2017년 스웨덴 스톡홀름 북서쪽 바스테라스 발전소에서 석탄 대신 에이치앤엠 의류 15톤 분량을 연료로 사용했어. 에이치앤엠은 파손된 재고 가운데 곰팡이나 납 오염이 있는 의류에 한해 소각 처리했다고 밝혔어. 유행을 창출하느라 쉼 없이 만들면서 생태계를 오염시키고, 팔리지 않아 남아도는 옷은 태우거나 땅에 묻으며 지구를 오염시키다니, 악순환이 따로 없구나.

환경부에 따르면 국내에서 발생하는 의류 쓰레기는 2016년 기준으로 하루 165.8톤이야.[6] 옷이 연간 6만 톤 이상 버려진다는 얘기지. 이런 옷들은 대부분 소각 처리해. 의류의 주요 소재는 석유 화학 제품인 폴리에스테르인데, 이를 생산하는 데 한 해에만 약 110억 리터나 되는 석유가 들어가지. 그러니 옷을 태우거나 매립하면 이산화탄소와 메탄 같은 온실가스가 발생할 수밖에 없어. 입다 버리는 걸로 끝이 아니라 오염이 또다시 시작된다는 거야. 의류 공장이 있는 동남아시아나 중국의 염색 공장 인근 강물은 그해 유행하는 색으로 물든다는 이야기도 있더구나.

---

[6] 〈2016 전국 폐기물 발생 및 처리 현황 통계〉(환경부)

사람의 생명을 흔드는 옷

옷은 사람 목숨에까지 영향력을 행사하고 있어. 국제면화자문위원회(ICAC)에 따르면, 아시아와 동남아시아의 면화 수요가 높아 가격이 상승하고 있다고 해. 면화는 목화라고도 하는데 면 제품을 만드는 원료야. 수요가 많아지고 가격이 상승하면 공급량을 늘리기 위해 재배 면적도 증가하기 마련이지. 그런데 물 부족 때문에 세계 주요 면화 생산국들이 경작 면적을 축소하고 있다고 해. 집약적으로 농업을 하는 곳에는 물 수요가 늘어서 지역민들이 물 부족에 시달린다는 것은, 앞서 아보카도 농장 이야기를 하면서 제기했던 문제니까 잘 알 거야.

면화는 생태적인 천연 소재라고 하지. 그런데 면화가 재배되는 과정을 알고도 그렇게 말할 수 있을지 의문이 들어. 1990년대 초부터 인도 농촌 각지에서 농민들이 잇따라 자살하는 일이 벌어졌어. 2006년 한 해 동안만 1만 7060명의 농민이 스스로 목숨을 끊었는데 특히 인도 중서부 마하라슈트라주에서는 인도 전체에서 자살한 농민의 4분의 1에 해당하는 4453명이 이런 극단적인 선택을 했어.[7] 면화 재배지로 유명한 곳에서 왜 이런 비극이 일어난 걸까? 직접적인 이유는 감당할 수 없는 빚이었어. 그들이 어째서 감당할 수 없는 빚을 졌는지 따라가다 보면

'무역시장 개방', '신자유주의', '세계화'라는 걸 만날 수 있고, 마침내 다국적기업 몬산토와 마주치게 되지. 인도 정부는 1995년에 출범한 세계무역기구(WTO)에 가입하고 농업 시장을 개방하면서 값싼 수입 면화를 들여왔어. 자연히 인도의 면홧값은 폭락했단다. 그러자 인도 정부는 미국산 유전자 변형[8] 종자를 들여와서 농가에 사용하도록 권장했어. 이와 때를 맞춰 유전자 변형 종자 기업의 대표격인 몬산토는 자기 회사 종자를 심으면 농약을 뿌릴 필요가 없으니 떼돈을 벌게 될 거라고 집중 광고를 해. 미국에서 대규모로 생산하는 면화와 인도에서 농민들이 직접 생산하는 면화는 가격 면에서 애당초 게임이 되지 않았거든. 그래서 농민은 토종 종자를 버리고 몬산토의 유전자 변형 종자를 구입했단다. 그런데 몬산토의 광고와 달리 새로운 종자는 해충에 너무 취약해서 전보다 더 농약을 많이 쳐야 했어.

몬산토는 종자와 농약을 같이 파는 회사인데, 비싼 종자를 팔

---

[7] "인도 농민들의 '빈곤 자살', 그 이유?" 〈레디앙〉(2013. 1. 21)

[8] 흔히 GMO(genetically modified organism)라 불리는 유전자 변형 생물체는 유전자 일부를 의도적으로, 그리고 직접적으로 조작해 만든 생명체 전체를 뜻해. 유전자 변형(genetic modification) 기술을 이용해 만들어진 종자는 유전자 변형(GM, genetically modified, '유전적으로 변형된'이라는 뜻) 종자, 식품은 유전자 변형 식품이라고 부르지. 생산량을 높이거나 유통하기 편하게, 혹은 가공하기 쉽도록 옥수수, 콩, 연어 등 농수산물에 유전자 변형 기술을 사용하고 있어. 여기에 대해 더 알고 싶다면 《GMO, 우리는 날마다 논란을 먹는다》(존 T. 랭 지음, 황성원 옮김, 풀빛, 2018)를 참고하렴.

고는 거기에 해충이 생기면 농약을 팔고, 농약에 내성이 생긴 해충이 또 생기면 다시 새 농약을 만들어 파는, 정말 이상한 회사야. 농약에 들어가는 돈이 점점 커지자 농민들의 빚도 눈덩이처럼 불어났지. 결국 빚더미에 올라서 연쇄 자살이라는 비극을 맞이하게 되었어. 농민들은 그저 먹고살기 위해 빚을 내서 농사를 지었을 뿐인데 생명까지 잃고 말았어.

예쁘다고, 싸다고, 쉽게 사서 입고 버리는 옷 뒤에 이런 사실이 있다는 게 불편하긴 하지만, 그럼에도 꼭 알아야 할 문제라고 생각해.

옷에 대해 새롭게 상상하기

2018년 2월 8일 영국 런던에 있는 한 백화점 1층 쇼윈도에 의류 쓰레기가 산더미처럼 쌓였어. 백화점 2층에 의류 수거함을 설치하고 더 이상 입지 않는 옷을 넣는 이벤트를 열었거든. 이벤트는 한 달 동안 벌어졌지만 쇼윈도는 금세 채워졌대. 과잉 생산되는 옷의 문제점을 알리려는 취지였다지.

그린피스는 의류 산업이 환경에 미치는 악영향을 줄이기 위해 '디톡스 마이 패션(Detox My Fashion)' 캠페인을 하고 있어. 이

캠페인에 따르면 오염물질 배출을 최소화하는 방법이 아예 없는 건 아니야. 청바지에 색을 내는 공정에서 레이저 워싱이나 오존 워싱을 하면 물이나 화학약품을 쓰지 않으니 물 소비도 줄이고 오염물질도 발생하지 않을 거야. 그런데 왜 이런 기술이 널리 확산되지 못하는 걸까? 오염에 대한 심각성을 인식하지 못했거나 오염을 대수롭지 않게 생각하기 때문일 수도 있고, 이런 기술이 있다는 걸 모르기 때문일 수도 있어. 그런데 업계 관계자들이 말하는 가장 큰 이유는 새로운 워싱이 기존 워싱에 비해 자연스럽지 않아서 소비자들이 만족하지 않기 때문이라는구나.

다소 부자연스러워 보이더라도 오염을 일으키지 않는 옷을 입느냐, 폐수를 마구 배출하는 멋진 옷을 입느냐의 문제겠네. 결국 개인 차원의 문제이긴 하지만, 신념대로 선택하기 위해서는 사회, 그리고 나아가 국가 차원의 역할이 필요해. 환경에 지속적으로 문제가 되는 공정에는 규제가 있어야 하니까. 한편으로는 옷에서 비롯되는 환경, 노동, 생명의 문제를 알리는 교육이 필요하겠지.

옷 한 벌을 입는 일에도 누군가의 눈물이 있고, 생태계와 우리의 몸을 망가뜨리는 오염이 일어날 수 있음을 알게 된다면 좀 섬뜩하겠지? 그런데 모르면 마음은 편할지 몰라도 언젠가 대가를 치러야 한단다. 지금까지는 미래 세대 혹은 다른 생명에 피해가 돌아간다고 생각했을지 몰라도, 너희가 살아갈 세상에 당장 이런 문제는 현실로 나타날 거야. 이것이 바로 환경 문제를 간과하면 안 되는 이유지.

최근 의류 산업의 문제점에 대한 반성의 소리로 '착한 패션'이라는 말이 나오더라. 이런 경향은 패션에 재활용 시스템을 도입하고 있어. 아디다스는 바다에 버려진 플라스틱 폐기물로 러닝화와 축구 유니폼을 만들었어. 윤리적인 의류를 만들기로 유명한 파타고니아에서는 낡은 쿠션, 베개, 이불 등에서 나온 거위털과 오리털로 100퍼센트 재활용 점퍼를 내놓았지. 점퍼 하나를 만들기 위해 살아 있는 거위의 털을 뽑으니 동물권 문제도 있거든. 그러니 버려진 점퍼에서 털을 회수해 새 제품을 만드는 건 참 좋은 아이디어야. 우리나라에도 비슷한 사례가 있어. 어느 패션 기업은 3년이 지나도 팔리지 않은 의류 재고를 소각하다가 업사이클링(upcycling)[9] 쪽으로 방향을 전환했어. 의류

[9] 재활용품을 새롭게 디자인하거나 아예 다른 물건으로 만들어서 이전 물품보다 가치 있게 만드는 행위를 업사이클링이라고 해. 위에 제시한 사례 말고도 한 번 쓰고 버리는 폐현수막을 이용해서 가방을 만들기도 하고, 폐타이어로 액세서리를 만드는 등, 사례를 찾아보면 재미있는 게 많아. 요즘에는 범위를 넓혀서 인테리어 분야에서도 업사이클링을 많이 시도하고 있어.

폐기물을 해체해서 새로운 의류와 액세서리로 재가공한 거지. 이런 업사이클링은 에어백, 카시트 등을 소재로 하는 인더스트리얼 콜렉션, 오래된 군용품을 이용한 밀리터리 콜렉션까지 소재의 폭을 넓혀 가고 있어. 새로운 재료로 옷을 만들기보다 기

존 재료를 활용하여 새롭게 디자인하는 것, 좋은 아이디어라고 생각해. 폐기물을 활용해서 제품을 만들면 사람들의 편견 때문에 잘 팔릴까 싶지만 오히려 어떤 브랜드는 고급화 전략을 내세워 좋은 반응을 얻고 있어.

이런 상품에 대한 정보를 알고 생활 속에서 실천하는 것도 의미 있지. 그런데 보다 많은 사람들이 동참할 수 있도록 널리 알리는 일도 중요한 실천 덕목이라고 생각해. 조용하고 착한 소비에서 떠들썩하게 함께하는 착한 소비로! 어때?

일상생활을 영위하는 우리의 모든 행위가 환경에 부담을 주고 생태계를 위협한다는 것을 인식하고, 무엇을 어떻게 입을 것인가 고민하는 것은 매우 소중한 일이야. 노동자의 눈물로 만든 옷을 입을 것인가, 정당한 대가를 노동자에게 치르고 만든 옷을 입을 것인가, 오염을 일으키는 옷을 입을 것인가, 오염을 최소화하는 방법으로 만든 옷을 입을 것인가, 유행을 따를 것인가, 나만의 개성을 살릴 것인가 하는 선택지들 중에서 무엇을 택하고 싶니? 옷이 만들어지고 버려지는 과정을 알고 나면 조금은 더 현명한 선택을 할 수 있지 않을까? 이제 옷에 대한 상상을 새롭게 해 보는 거야!

chapter 07 ···

화학물질의 역습과 사회의 책임

100년 뒤에도 만날 수 있을까요?

수십 년 전의 잘못이 되돌아오다

어떤 물건이 하도 편리해서 즐겨 썼다고 쳐. 그런데 거기에 매우 위험한 성분이 들어 있다는 게 밝혀져서 사용이 금지된다면 어떻겠니? 매우 찜찜하겠지? 그런 일들은 알게 모르게 계속 벌어지고 있어. 이와 관련한 두 가지 얘기를 들려줄게.

첫 번째는 고래 이야기로부터 시작해. 2016년 1월 영국 스코틀랜드 타이리섬 해변으로 범고래 한 마리가 떠밀려 왔단다. 영국에 살아남은 정주형 범고래[1] 아홉 마리 가운데 한 마리였는데, 사람들이 얼마나 소중하게 생각했는지 '룰루'라는 이름까지 붙여 줄 정도였어. 해안가에서 발견한 룰루는 이미 죽은 상태였어. 고래의 정확한 사인을 알아보려고 부검을 했는데, 결과가 매우 충격적이었어. 눈에 띈 건 룰루 몸에 축적된 폴리염화비페닐(PCB)이었어. 폴리염화비페닐은 대표적인 잔류성 유기오염 물질(POP)로 내열성(열에 견디는 성질), 전기 절연성(전기를 통하지 않게 하는 성질)이 좋아 변압기나 차단기, 콘덴서의 절연유(전기 절연에 사용하는 기름), 그리고 플라스틱 가소제(원하는 모양으

[1] 평생 같은 곳에서 사는 돌고래를 정주형 돌고래라고 해.

로 만들기 쉽도록 부드럽게 만드는 물질) 등으로 널리 쓰였단다. 그런데 고래 몸에서 이 물질이 검출된 거야. 그것도 기준치의 100배가 넘게. 일반적으로 해양 동물 건강에 영향을 미치는 농도가 9mg/kg인데 룰루의 몸에서 측정한 농도는 950mg/kg이었으니 충격이 아닐 수 없었지. 어쩌다 고래 몸에 이런 물질이 축적된 걸까. 과학자들은 폴리염화비페닐을 사용한 폐기물을 육지에 매립하거나 바다에 버렸기 때문에 바다에 직접 유입되었거나 하수를 통해 바다로 흘러들어 간 걸로 보고 있어. 이 물질이 바다에 있는 미세 플라스틱에 붙어 작은 동물의 입에 들어가고, 결국 바다의 최상위 포식자인 고래 몸에 축적된 거지. 어미 고래에서 새끼 고래로 물질이 이어졌을 테고.

더 충격적이었던 것은 폴리염화비페닐이 1970년대부터 사용 금지된 화학 제품이었다는 사실이야. 그런데 2016년 고래 몸속에서 발견된 거지. 잔류성이라는 말에서 알 수 있듯이 이 물질은 자연 상태에서 거의 분해가 되지 않아. 그래서 동식물 체내에 축적되는데, 면역 체계 교란, 중추신경계 손상 등 문제를 일으키고, 나아가 지구촌 전체를 위협할 수 있다는 심각성이 알려졌어. 그래서 사용을 금지한 게 1970년대 말부터인데 50년 가까이 지나서까지 룰루의 몸에 저토록 많이 축적된 것으로 그 심각성을 입증한 셈이야. 룰루는 죽음으로 우리에게 하려던 말

이 있었던 것 같아. 한번 위험한 물질이 만들어지면 계속해서 돌고 돈다는 사실 말이야. 그러니까 널리 사용하기 전에 위험 여부를 반드시 살펴야 한다고.

두 번째 이야기의 주인공은 달걀이야. 2017년에 있었던 '살충제 달걀' 사건, 알고 있니? 달걀에서 맹독성 살충제인 디디티(DDT, 디클로로디페닐트리클로로에탄)가 나와서 떠들썩했지. 심지어 풀밭에 자유롭게 풀어 놓고 키워서 안전하다고 생각했던 재래 닭 유정란에서까지 말이야. 물론 농장주는 디디티를 사용하지 않았어. 오래전에 뿌린 디디티가 땅에 남아 있다가 거기서 자

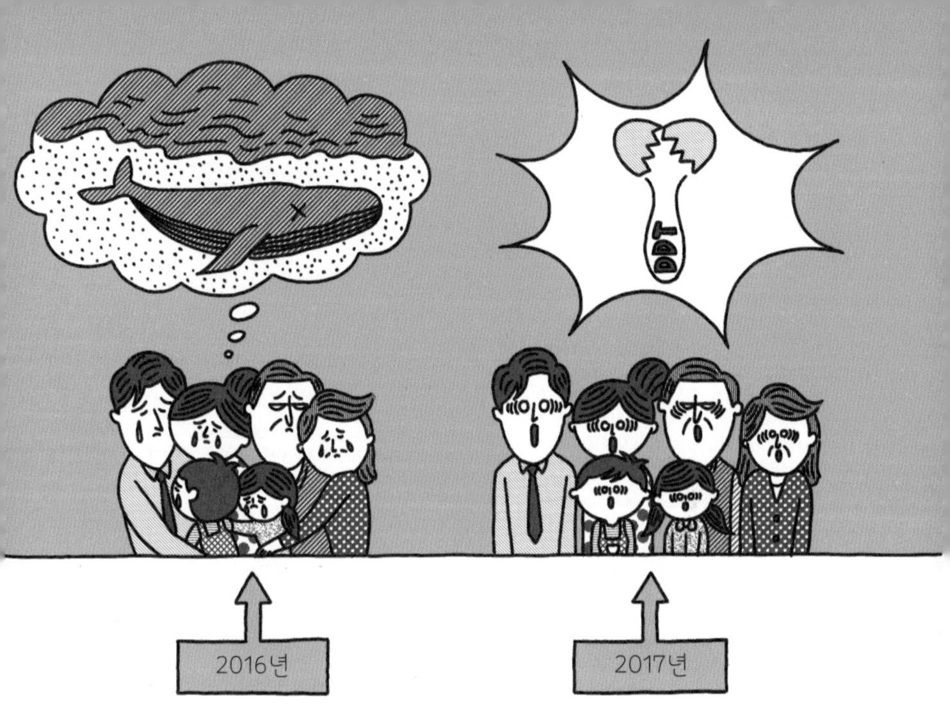

라는 식물에 영향을 줬고, 그 풀을 먹은 닭이 문제가 된 달걀을 낳은 거지. 디디티는 티푸스나 말라리아를 옮기는 해충 퇴치에 효과적이어서 1940년대부터 미국에서 살충제로 널리 쓰였어. 1955년 세계보건기구는 전 세계적인 말라리아 추방 계획을 세워 디디티를 적극 사용하도록 장려하기까지 했단다. 그러다 농약으로도 쓰인 거지. 그런데 1950년대 후반부터 디디티의 유해성이 제기됐어. 레이철 카슨(Rachel Carson)이라는 생태운동가가 《침묵의 봄》(에코리브르, 2011)이라는 책에 이 화학물질의 유해성을 경고하자, 일반인의 인식에도 변화가 생긴 거야. '침묵

의 봄'이란 디디티를 풀밭에 살충제로 마구 뿌리니까 벌레가 사라지고, 연쇄적으로 새들도 사라져 봄이 와도 지저귀는 새소리를 들을 수 없다는 의미로 붙인 제목이지. 결국 1970년대에 대부분의 국가가 디디티 사용을 금지했어.

그런데 그렇게 오래전에 사용한 디디티가 아직도 땅에 남아 있다가 우리 식탁까지 오게 된 거야. 이 역시 어떤 물질은 오래도록 사라지지 않고 잔류한다는 것을 의미해. 우리가 뿌려 댄 화학물질의 반격이 시작된 걸까. 더욱 두려운 것은 사람들의 반응이야. '살충제 달걀' 소식을 접한 사람들은 안전한 달걀을 찾기 시작했어. 살충제가 검출되지 않은 농장 번호가 빠르게 퍼졌지. 나머지 달걀은 금세 판로가 막혔고, 그런 달걀을 낳은 닭들을 모두 살처분했어. 하지만 안전하다는 농장 번호마저 오류가 있었지. 그런데 한번 생각해 봐. 안전한 농장 번호만 알면 우리 밥상은 안전한 걸까? 사람들이 분노해야 하는 대상은, 농장 번호가 잘못 알려진 사실보다 이토록 위험한 물질을 생산한 기업, 그걸 유통하고 판매하도록 한 감독 기관이어야 하지 않을까?

우리 주위의 거의 모든 것, 화학물질

화학물질은 우리 생활 곳곳에 있어. 한국석유화학협회(KPIA)에 따르면 오늘날 우리가 쓰는 물건의 70퍼센트는 석유화학 제품이라고 해. 방부제로 쓰는 파라벤을 비롯해서, 장난감이나 고무 매트 등 말랑말랑한 플라스틱 제품에 유연제로 들어가는 프탈레이트, 비누·세제 등에 항균물질로 첨가하는 트리클로산, 프라이팬 코팅에 들어가는 과불화화합물, 영수증이며 여러 플라스틱 용기에 들어 있는 비스페놀A, 모기를 쫓는 데 사용하는 살충제나 모기향에는 퍼메트린, 깔개나 소파 덮개로 쓰는 천을 염색할 때 염료로 쓰는 톨루엔, 매트리스·쿠션 등이 불에 잘 타지 않도록 하는 폴리브롬화 다이페닐에테르까지, 아플 때 먹는 약과 입는 옷 등 생활용품 대부분이 화학물질로 이루어져 있지.

화학물질이라고 해서 모두 인공적인 건 아니고 자연에서 얻기도 해. 예를 들어, 숲에 들어가면 기분이 좋아지는 건 피톤치드라는 항균물질 때문이야. 공기를 정화해서 쾌적한 기분을 느끼게 하지. 당연히 우리 몸에도 유익하고 말이야. 뱀이나 벌, 복어 등의 독도 자연에서 얻는 화학물질이라 할 수 있어. 그런데 자연에서 얻는 건 뭐든 양이 적어. 그런 한계가 있으니 인공적으로 대량 생산을 하는 거야.

산업 활동에서 발생하는 화학물질 중에 특히 건강에 나쁜 영향을 끼칠 수 있다고 주목받는 물질이 있어. 환경호르몬으로 널리 알려진 내분비계 교란물질이야. 환경호르몬은 다양한 제품에 사용되기 때문에, 소비자가 오염된 제품을 사용하거나 음식물을 섭취함으로써 체내에 유입되어 건강에 영향을 끼친다고 알려져 있어.

이렇듯 화학물질이 우리 생활 깊숙이 들어와 있고, 실제로 피해를 보는 사례가 있는데도 우리는 위험성에 대해서 그다지 자각하지 못하고 있는 것 같아. 설령 자각을 한다고 해도 개인이 어떤 제품의 안전 여부를 알기란 매우 어렵지. TV에서 광고를 하면 대체로 안전하다고 믿는 경향도 있고. 광고를 사실로 인식한다고 할까?

화학물질을 지킬 박사와 하이드 씨 같다고 표현하면 어떨까 싶어. 화학물질 덕분에 오늘날 인류가 물질적 풍요를 이뤄 낸 건 사실이거든. 화학비료로 식량 생산이 획기적으로 늘어났고, 석유화학의 발달로 값싸고 튼튼한 의류며 편리한 플라스틱 제품을 사용하게 되었으니까. 페니실린, 아스피린을 비롯한 의약품 역시 화학물질을 다루는 능력 덕분에 대량 생산할 수 있게 됐어. 그래서 질병을 상당 부분 극복하여 인류의 수명이 늘어났지. 현재 약 1억 3700만 종이나 되는 화학물질이 등록되어 있는데, 화학물질에 대한 인류의 의존도는 앞으로 점점 커질 거야.

아, 그러고 보니 너희가 쓰는 화장품도 화학물질이야!

몰라서 쓰고, 알고도 쓰는 화장품

너희는 화장을 왜 하니? 이유는 사람마다 다를 거야. 어떤 친구는 안 하면 왕따가 될까 봐 귀찮아도 한다더라. 그만큼 화장은 요즘 십대들의 문화인 것 같아. 예민한 피부에 화장을 하면 얼굴에 트러블이 생기기도 하는데 그걸 감추려 화장을 더 하게 되지. 한번 시작하면 멈추기 어려운 거야. 화장품은 다양한 화학물질 덩어리라서 성분을 제대로 알 필요가 있어. 화학물질은 음식보다 피부를 통해 흡수될 때 더 해롭다고 하거든. 왜냐면 음식을 통해 흡수된 물질은 장기가 분비하는 여러 소화액에 의해 일부 소멸하거나 배설되지만 피부를 통해 흡수되면 여과 장치가 없는 셈이니까. 그래서 '한번 공부해 보자' 하고 성분표를 들여다본 적이 있는데, 제대로 읽기도 어려운 작은 글씨로 화학물질 이름이 빽빽하게 적힌 성분표를 보고 있자니 금세 포기하고 싶어졌어. 그렇게 많은 성분을 모든 사람들이 일일이 공

부해야 할까? 기업이 안전을 확신할 수 있는 성분으로만 화장품을 만든다면 그걸로 충분할 텐데 말이야.

화장품의 화학물질은 의외의 생물을 위협하기도 해. 얼마 전 선크림이 산호초를 죽일 수 있다는 뉴스를 읽었어. 선크림에는 우리 눈에 보이지 않지만 자외선을 흡수하는 화학 필터와 태양광선을 반사하는 금속 필터가 들어 있거든. 이런 성분 때문에

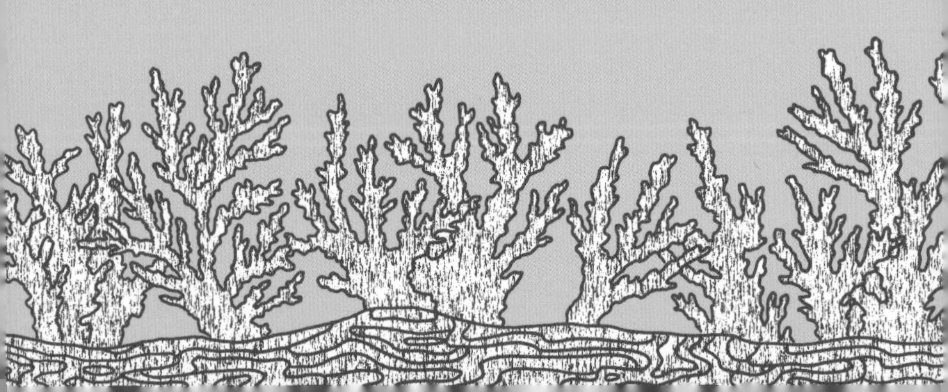

태양빛에 피부가 타지 않지. 그럼 선크림을 바르고 바다로 들어가면 어떻게 될까? 선크림이 씻겨 나가서 바닷물에 남겠지. 2015년에 몇몇 연구소와 대학이 발표한 연구 결과에 의하면 옥시벤존 농도가 62ppt❷만 되어도 산호초에 악영향을 초래하는 것으로 밝혀졌어. 올림픽경기장의 수영장 6.5개를 채울 물(1만

❷ ppt는 parts per trillion의 약자로 농도를 측정하는 단위야. ppt는 1조분의 1을 가리키지. 1000톤에 1밀리그램 함유되어 있으면 1ppt라고 표현할 수 있어.

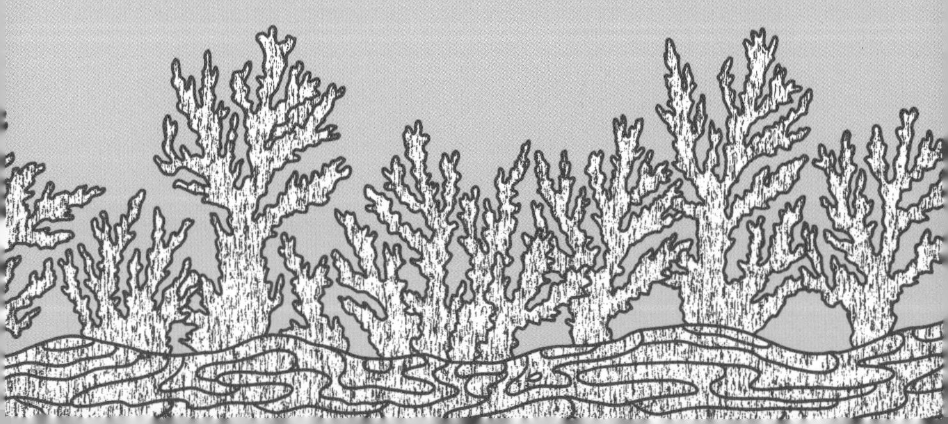

6250톤)에 옥시벤존이 단 한 방울만 들어가도 산호초에 악영향을 준다는 이야기야.[3] 그 영향이 상당하지?

산호초에 치명적인 영향을 끼치는 유해물질 중 대표적인 두 가지는 옥시벤존과 옥티녹세이트인데, 사실 자외선 차단제뿐만 아니라 샴푸, 마스카라, 립스틱 등에도 들어 있어. 2000년 이후 국내 시장에 판매·유통되는 자외선 차단 기능성 화장품 중 두 성분이 함유된 제품이 2만 2000종이 넘는대. 그런데도 특별히 선크림이 언급되는 건 바닷가에서 가장 많이 사용하는 화장품이기 때문이야. 옥시벤존과 옥티녹세이트는 산호초가 허옇게 변해 사멸하는 백화현상을 일으킬 뿐 아니라 내분비계를 교란시키기도 해서 물고기와 일부 연체동물의 수컷이 암컷으로 변해.

산호초는 수많은 바다 생물의 서식지이기도 해. 모든 물고기의 25퍼센트 정도는 산호초에서 어린 시절을 보내지. 그래서 산호초를 보호하는 일은 수많은 바다 생물을 지키는 일이기도 한 거야.

피부에 자외선은 큰 적이야. 그래서 선크림이 필요하긴 하지만 산호초에 피해를 입히지 않으면서도 자외선을 차단하는 선

---

❸ "선크림 그렇게 바르다가 산호초 다 죽어요" 〈한겨레〉(2018. 5. 17)

크림을 고를 수는 있을 거야. 선크림은 크게 두 가지로 나누는데, 물리적 차단제와 화학적 차단제가 그것이지. 물리적 차단제는 피부에 막을 만들어서 자외선을 차단하기 때문에 발랐을 때 얼굴이 허옇게 되는 경향이 있어. 반면 피부에 잘 발리는 화학적 차단제에는 앞서 언급한 옥시벤존과 옥티녹세이트가 들어 있지. 이런 걸 일일이 확인하는 게 번거롭다고? 걱정 마. 환경단체에서 만든 사이트인 '시선.net'에 들어가서 화장품 이름을 입력하면 어떤 성분이 들어 있는지 바로 알 수 있어. 이 사이트의 이름에는 '바다(sea)를 위해 선(sun)크림 성분을 보다(see)'라는 의미가 있다고 해.

화장품을 구입하기 전에 '화해'를 하는 것도 좋은 방법이지. 싸운 뒤에 하는 화해가 아니라 어플리케이션 이름이야. '화'장품을 '해'석한다고 해서 화해라고 하는데, 이 어플리케이션으로 유해 성분이 없는 화장품을 고를 수도 있고, 사고 싶은 제품 이름이나 제품에 쓰여 있는 성분명을 입력해서 안전한지 확인할 수 있어.

화장은 그동안 여자들의 전유물이다시피 했지만 최근에는 남자들도 곧잘 화장을 하지. 또한 화학물질은 노출되는 양보다 노출 시기가 중요해. 그래서 아직 성장기에 있고 피부가 여린 청소년이라면, 여자 남자 할 것 없이 우려스러워. 화학물질에 노출된 이후 뚜렷한 징후가 나타나기까지 시간이 걸려서 정확한 인과관계를 밝히는 일이 어렵기도 하고. 게다가 체내에 머물면서 세대에서 세대로 전해지기도 한다는구나. 이렇게 반응이 바로바로 나타나지 않으니까, 화학물질을 꺼리는 행동을 유난스럽다고 생각하는 사람들도 있지.

일상에서 나쁜 화학물질을 피하는 방법

우리는 화학물질과 함께 눈뜨고 화학물질과 함께 잠든다고 해도 지나치지 않을 거야. 편의점에서 간편하게 끼니를 해결하는 경우가 많지? 플라스틱 용기에 담긴 음식을 전자레인지에 데워 먹기도 할 거고. 플라스틱 원료로 사용하는 비스페놀A는 열에 약해서 조금만 온도가 올라가도 녹아 나와. 몸에 흡수되면 대부분은 4~5시간 안에 배출되지만, 반복적으로 노출되면 불임이나 성 조숙증 등을 일으킬 수 있단다. 비스페놀A는 캔의 코팅제로도 쓰여. 그러니 캔 음료를 자주 마시는 것도 한 번쯤 생각해 봤으면 해.

우리가 먹고 마시고 입고 신고 타는 모든 것들에 포함된 유해물질이 인체 내에 축적되는 것을 보디 버든(Body Burden)이라고 해. 인체 내 유해 인자인 화학물질의 총량을 뜻하지. 유해한 화학물질로 인해 가장 큰 피해를 보는 건 소비자야. 그러니 이에 대한 올바른 정보가 필요하지. '발암물질 없는 사회 만들기 국민행동'이라는 단체가 그러한 역할을 하고 있어. 생산자와 노동자, 소비자, 학부모와 교사, 환경단체, 보건의료인, 전문가들이 모여 올바른 화학물질 정보를 제공하고, 유해한 화학물질 생산, 유통, 소비, 폐기까지 전 과정을 감시하여 화학물질을 줄이거나 없애는 활동을 하거든. 기업이 화학물질을 안전하게 관리하고 생산하도록 감독하자는 법안도 제안했어.

유럽은 오래전부터 화학물질의 유해성과 위험성에 대해 인식하여 이를 줄이려고 노력하고 있지. 독일 최대 환경단체인 분트(BUND)에서는 화학물질로부터 안전해질 수 있는 방법의 하나로 톡스폭스(ToxFox)라는 어플리케이션을 개발해서 상품의 환경호르몬 포함 여부를 알려 주고 있어. 만약 톡스폭스를 통해서도 성분을 알 수 없는 제품이 있으면 제조사에 항의 메일을 보낼 수 있단다. 소비자가 정확한 성분 정보를 요구하면 제조사는 45일 이내에 알려 줘야 해. 물론 제조사가 얼마나 성실하게 답변하느냐는 또 다른 문제인데, 이렇게 소비자가 제품 성분에 대해 알 권리를 주장하는 것 자체가 매우 유의미한 경험일 거야. 만약 제조사가 답변을 성실하게 하지 않는다면 소비자가 계속 그 기업의 제품을 구매할까? 아니겠지. 톡스폭스는 이런 효과를 노린 거야. 120만 명 이상의 소비자가 이 어플리케이션을 사용하는데 사용자의 70퍼센트는 보디케어 제품을 사용할 때 톡스폭스를 이용한다니, 그만큼 소비자들의 행동에 영향을 끼치고 있다는 거지.

덴마크에도 화학물질에 관해 오랜 시간 관심을 기울여 온 단체가 있단다. 덴마크소비자위원회라는 시민단체인데 여기서는 케미루펜(Kemiluppen)이라는 어플리케이션을 제공하고 있어. '제품 속 화학물질을 들여다보는 돋보기'라는 뜻의 이름이지. 전 성분이 공개되는 화장품, 개인 위생용품 등을 평가할 수 있고 바코드를 스캔하면 제품에 들어 있는 유해물질 정보를 제공해. 약 1만 개 정도의 제품 정보를 보유하고 있다니 대단하지?

우리나라 시민단체인 환경정의는 2018년 12월 '생활화학제품 안전관리정책 기업평가'라는 연구 결과를 발표했어. 연구는 환경부와 '생활화학제품 안전관리 자발적 협약'을 체결한 18개 기업 중 설문에 응한 10개 기업이 제출한 근거 자료를 바탕으로 진행했지. 설문 결과 가운데 눈에 띄는 내용은, 소비자의 알 권리에 대한 기업과 시민의 입장에 큰 차이가 있었다는 거야. 기업은 스스로 충분한 정보 공개 정책을 가지고 있다고 판단했지만 시민들이 느끼기에는 부족했던 거지. 기업 평가 결과를 발표하기에 앞서 환경정의는 시민들과 함께 전 성분이 표시된 생활화학 제품을 마트에서 구매하는 캠페인을 진행했는데, 그런 기준으로는 구매할 제품이 없었단다.

소비자들은 제조사뿐 아니라 유통사의 관리 책임도 요구하고 있어. 소비자가 제품을 구매하는 곳은 주로 마트인데, '대형마트 진열대에 오를 정도면 최소한의 품질 기준은 만족했겠지'라는 기대 심리가 있잖아. 그러니 유통사에서 직접 기획하여 판매하는 PB(Private Brand) 제품뿐 아니라, 판매만 담당하는 NB(National Brand) 제품에 대해서도 소비자는 제품 안전 관리를 요구할 수밖에 없어. 미국 종합 유통업체인 타깃 코퍼레이션(Target Corporation)은 7500여 개의 상품을 100점 척도의 지속가능성 점수로 평가하여 마트에 들이는 기준으로 삼는다고 해. 100점 중 절반은 화학물질과 관련된 점수라서, 대부분 여기서 입점 여부가 결정되지. 이런 상품 입점 관리 제도에는 NB 제품뿐 아니라 PB 제품도 포함된대. 이런 점은 우리 기업들도 얼른 배웠으면 좋겠어. 하지만 제품 성분은 기업의 영업 비밀이라는 이유로 공개하길 꺼리는 게 우리의 현실이란다.

일상에서 사용하는 거의 모든 것에 화학물질이 있는데, 그럼 어쩌라는 거냐고 항변할지도 모르겠구나. "이게 대안이야" 하고 내놓을 방법은 사실 없어. 집에서 먹거리를 싸 들고 다닐 수도 없고, 무턱대고 화장을 그만하라고 할 수도 없지. 다만 좀 줄여 보자는 거야. 특히 성장기에는 더욱 화학물질에 유의해야 하니까. 오랜 시간 입는 교복만이라도 가능한 한 천연 소재로 만든 제품을 입는다면, 화학물질로부터 조금이나마 벗어날 수 있을 거야.

기업과 국가에 요구하자

사실 화학물질 그 자체는 문제가 아니야. 앞에서도 잠깐 얘기했지만 화학물질로부터 얻는 풍요로움과 혜택도 어마어마하니까. 집이든 학교든, 어디서나 다양한 화학물질에 노출이 되는 걸 피할 수도 없어. 문제는 그런 화학물질로 인해 어떤 결과가 나타날지 연구가 충분하지 못하다는 거야. 유엔환경계획(UNEP)의 한 관계자는 새로운 질병이 나타나는 건 환경의 변화 때문이라고 했어. 세계보건기구의 보고서에 따르면 2011년에만 화학물질로 490만 명이 사망했다는구나.[4] 이 통계치는 알려

[4] 《우리는 어떻게 화학물질에 중독되는가》(로랑 슈발리에 지음, 이주영 옮김, 흐름출판, 2017)

진 사실만을 토대로 작성했으니 실제로는 훨씬 더 많을 거라고 생각해. 만약 화학물질이 가져올 부작용에 대해 미리 알았더라면 일어나지 않았을 희생이었겠지. 앞서도 이야기했지만, 기업이 세상에 화학물질을 선보이기 전에 안전성을 충분히 검증하고 연구한다면 쉽게 해결할 수 있는 문제야. 기업에 일차적 책임이 있는 거지. 물론 기업이 마구잡이로 물건을 만들어 파는 건 아니고, 새로운 화학물질을 내놓을 때 실험을 거쳐 승인을 받아. 하지만 그 기준에는 시대에 뒤떨어진 부분이 많아. 과거엔 맞았어도 지금은 기준이 달라질 수 있다는 거지.

기술 발전이 인류의 건강에 영향을 끼치게 되면서 책임원칙이라는 개념이 생겼어. 건강을 해칠 수 있는 기술은 개발하지

않게 하는 원칙이야. 그런데 그 기준이 매우 모호한 데다가, 어떤 기술에 높은 이윤이 보장되었을 때 기업이 이를 포기하기가 쉽지 않겠지. 그래서 최근에는 책임원칙 대신 사전예방원칙을 적용하고 있단다. 확실한 증거가 존재하지 않더라도 심각한 환경 파괴 위험이 있을 때는 적절한 시기에 신속하게 대책을 세워야 한다는 원칙이야.

우리 사회에 큰 상처를 준 화학물질 관련 대형 사고가 있었지. '안방의 세월호'라 표현하는 가습기 살균제 참사 말이야. 가족의 건강을 위해 사용했던 가습기 살균제가 오히려 가족의 목숨을 앗아 가는 결과를 낳았지. 당시 신종플루가 유행하면서 많은 사람들이 살균에 굉장히 민감했어. 가습기 살균제를 판매하는 기업에서는 '인체에 안전한 성분을 사용해 안심하고 쓸 수 있다'는 문구를 내걸었단다. 그게 제대로 먹혀서 1994년부터 2011년까지 60여만 개나 팔렸어. 문제가 된 가습기 살균제 성분은 폴리헥사메틸렌구아니딘(PHMG)이라고 하는데 이 물질이 호흡기를 통해 폐로 들어가면 폐가 굳는다고 해. 사용자는 가습기에서 나온 수증기를 마시게 되니 문제의 물질은 당연히 호흡기를 통해 폐로 들어갔지. 환경부에 가습기 살균제로 피해를 입었다며 신고한 사람은 2019년 3월까지 6000명이 넘고, 이 가운데 1000명이 넘는 사람들이 이미 사망했어.

기업은 왜 제품을 생산하기 전에 성분의 위험성을 의심하고 검토해 보지 않았을까? 사건이 터지고 수사 과정에서 위험성 검토 보고서가 매우 형식적이고 허위에 가까웠다는 게 드러났어. 기업이 이윤에 앞서 안전을 먼저 생각했더라면 이런 비극이 일어나지 않았겠지.

너희에게 비슷한 원칙을 적용해 볼 수 있을 것 같아. 화학물질로 인해 미래에 어떤 일이 나타날지 불분명하니, 가능한 한 사전에 조심하고 되도록 덜 쓰는 게 사전 예방이겠지? 학용품, 책가방, 운동화, 교복 등에서 내분비계 교란물질이 기준치의 최고 385배 검출되었다는 뉴스를 접한 적이 있어. 안전 확인 표시가 부착된 학용품이 얼마나 있을지 모르겠으나 모양이나 유행보다는 안전을 선택하는 게 어떨까 싶구나. 특히 몸에 바르는 것은 먹는 것보다 훨씬 안 좋은 영향을 끼친다고 하니까 화장품 선택에 보다 신중했으면 해. 아름다움도 건강할 때 더 빛날 테니까!

chapter 08 ···

롱패딩과 동물권

한겨울 나는 데 몇 마리 필요합니까?

겨울의 잇템, 롱패딩

이제는 빼놓을 수 없는 겨울의 유행 아이템이 있어. 바로 롱패딩! 디자인을 바꿔 가며 해마다 겨울 유행을 이끌고 있지. 롱패딩을 처음 입기 시작한 이들은 동계 스포츠 선수 아니면 스포츠 스태프들이었어. 추운 곳에서 경기가 진행되는 데다가, 벤치에서 대기하는 시간이 길어질 수 있다 보니, 선수와 스태프들에게는 체온을 보호하기 위한 따뜻한 옷이 필수거든. 추운 날 야외 촬영을 하는 연예인이나 야외 활동이 많은 노동자에게도 롱패딩은 무척 요긴하지. 이렇게 시작된 롱패딩이 어느새 일반인들에게로 퍼졌어. 따뜻하면서도 가볍고, 대충 입어도 몸 전체를 감싸 주는 편안함 때문인 것 같아.

롱패딩은 직업의 특수성을 떠나 모든 이들의 겨울 필수품이 되었어. 그런데 과연 이래도 되는 걸까? 사실 밖에서 종일 일하는 직업을 가진 게 아니라면, 이동할 때는 주로 차 안에 있고, 대부분 건물 안에 머물잖아. 건물은 대개 난방이 잘돼 있고. 차를 기다리는 동안 추위에 떨 수는 있겠지만, 보온성이 뛰어난 방한복을 입고 지하철이나 버스를 타면 한겨울인데도 땀이 나더라고. 그렇다 보니 얇은 옷 위에 방한이 잘되는 겉옷을 걸쳐서 언제든 입고 벗기 편한 패션을 선호하는 것 같아.

옛사람들은 발 토시, 손 토시, 그리고 목도리를 겨울 필수품으로 착용했단다. 발목과 손목, 그리고 목은 찬 기운에 노출되기 쉬운 부위라서, 세 군데만 조심하면 겨울을 무탈하게 날 수 있다는 걸 알았거든. 지혜로 추운 겨울을 이겨 낸 거지. 이런 겨울 풍경이 호랑이 남배 피우던 시절 얘기가 아니라 고작 30년 정도 전 일이라면 믿을 수 있겠니? 이런 생각이 꼬리를 물다가 롱패딩 재료에 관심이 갔어. 오리나 거위의 털이 롱패딩의 충전재로 쓰인다는 것은 알고 있지? 그러니까 우리는 오리와 거위를 입고 겨울을 나는 셈이야.

그 많은 털이 어디서 올까?

겨울이면 의류 매장마다 롱패딩이 그득그득 쌓이는데, 그걸 다 만들자면 털이 얼마나 필요할까? 패딩도 유행이 해마다 바뀌니, 한 사람이 몇 벌씩 갖고 있는 경우도 허다해. 털은 모두 동물에게서 얻잖니. 이 말은 패딩은 크든 적든 동물의 고통을 전제로 한 옷이라는 뜻이야. 그러니 그 많은 털이 대체 어디에서 오는지 알 필요가 있다 싶어.

발목까지 내려오는 롱패딩은 거위털로 충전재를 채울 경우

한 벌에 15~25마리 거위의 털이 들어간다는구나. 패딩이 아니라 몸 전체를 덮는 모피 코트를 만든다면 동물이 몇 마리 필요할까? 라쿤이라면 40마리, 여우라면 42마리, 밍크라면 60마리가 필요하다고 해. 고작 코트 한 벌을 만드는 데 말이야.

털을 얻는 과정은 어떨까? 어느 동물보호단체가 중국에 있는 거위 농장에 들어가 찍은 영상을 본 적이 있는데 끝까지 보기도 어려울 정도였어. 사람들이 아무런 감정 없이 기계적으로, 살아 있는 거위의 앞가슴 털을 훌훌 뽑는 거야. 이렇게 살아 있는 동물의 털을 뽑는 것을 라이브 플러킹(Live Plucking)이라고 해. 누가 내 머리카락 한 올만 잡아당겨도 악 소리가 나게 아프잖아. 그런데 거위털을 마구 뽑아 대고, 그러다 살점이 떨어져 나오면 마취도 없이 바늘로 꿰매더구나. 거위들이 지르는 비명은 차마 들을 수가 없었어.

이렇게 고통을 당하는 동물들이 지내는 환경은 어떨까? 적게 투자해서 많이 사육할수록 이익이니, 동물들이 지내는 환경이 얼마나 열악할지 짐작이 될 거야. 더럽고 좁은 우리에, 동물이 몸을 제대로 움직일 수도 없을 만큼 많이 집어넣고 사육하지. 패딩에 붙어 있는 모자 가장자리를 풍성하게 장식하는 털은 대개 라쿤털인데, 산 채로 가죽을 벗겨 털을 얻는다고 해. 그래야 털에 윤기가 살아 있어 값어치가 뛴다는구나. 이렇게 만든 롱

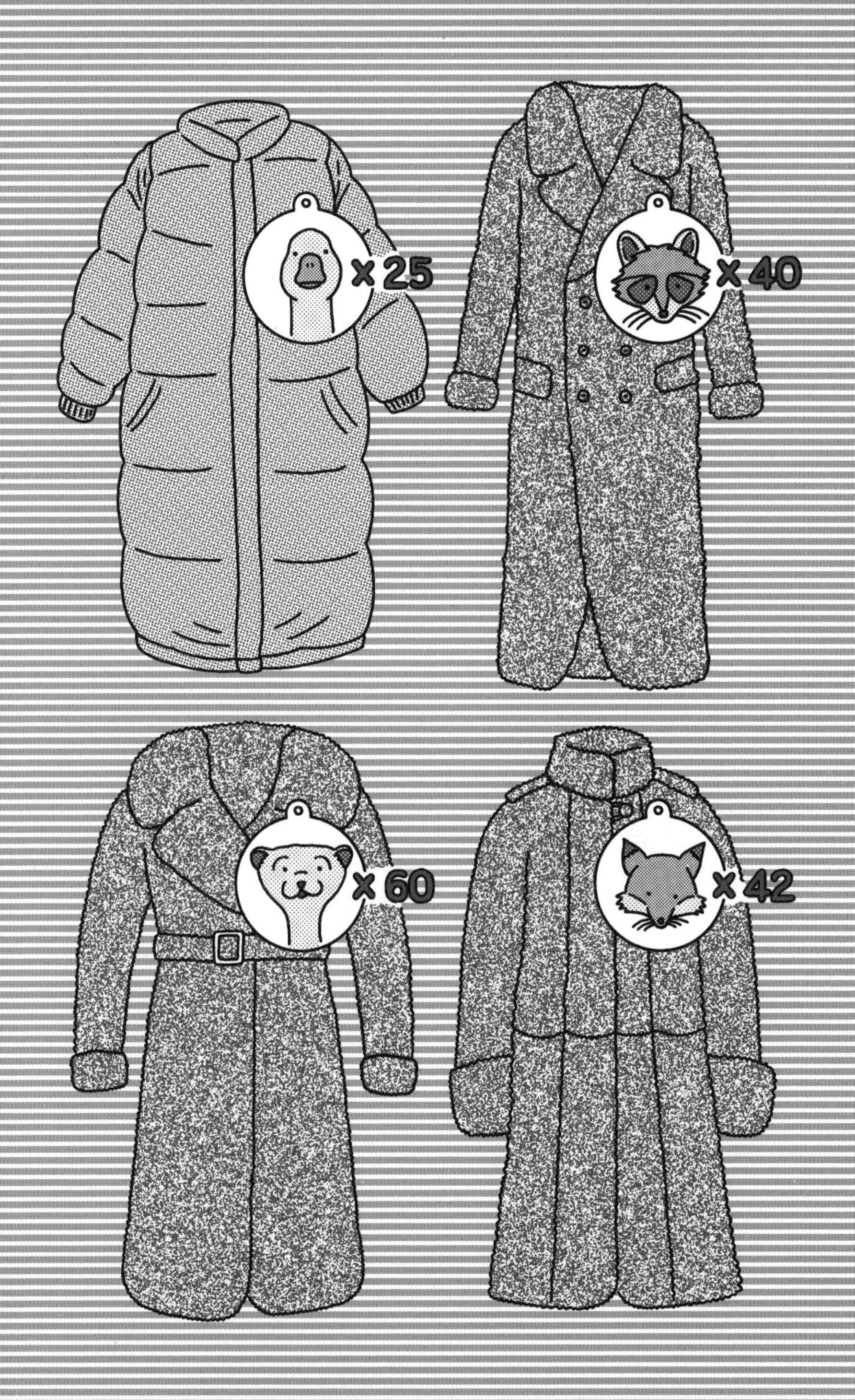
x 25
x 40
x 60
x 42

패딩을 오래 입기라도 한다면 그나마 동물들의 희생을 조금이라도 줄일 수 있겠다 싶어. 그런데 해마다 유행에 맞춰 새 패딩을 사게 되잖아. 새 패딩을 산다는 것은 결국 새로운 동물의 희생을 뜻하지.

옷만 봐서는 그 옷에 쓰인 털이 살아 있던 동물의 털이라는 걸 의식하기 어려워. 하지만 분명히 그 동물들도 따뜻한 피가 흐르고, 죽음을 두려워하는 생명이었어. 집에서 식구처럼 키우던 동물의 털을 산 채로 벗길 수 있을까? 정상적인 사람이라면 결코 그럴 수 없어. 그런데 우리는 아무렇지 않게 그렇게 만든 옷을 사 입는 셈이야. 물론 살아 있는 동물의 털로 만들었다는 걸 인지하지 못했기 때문이기도 하지. 추위를 많이 타거나, 잠깐의 추위도 견디기 힘들어서 따뜻한 옷이 필요한 사람도 분명 있을 거야. 하지만 그렇다고 반드시 동물의 털로 만든 옷을 입어야 할까?

우리가 이렇게 동물의 털에 집착하는 데에는 옷이나 가방 같은 물건으로 사람을 평가하는 사회 풍조와도 관련 있을 거라고 생각해. 자동차를 구입하려는 사람에게는 효율이 중요한 기준이 돼야 하지만, 효율이 떨어지더라도 큰 차를 선호하는 경향이 있지. 큰 차를 타야 자신의 품격도 올라간다고 생각하니까. 이렇게 보면 소비에 있어서 이성적이거나 합리적인 판단은 큰 역할을 못 하는 것 같아. 중요한 가치를 놓치고 외적인 요인에 너무 끌려 다니는 게 아닌가 싶고.

사람이 먹고 입고 즐기는 데 희생당하는 동물들

동물의 희생은 비단 입는 옷에만 한정되지 않아. 우리 의식주 전반에 동물들의 고통이 스며 있단다. 듣는 것조차 매우 불편한 사실이지. 그래도 외면해서는 안 돼. 동물의 고통을 이해해야 대안을 생각할 수 있으니까 말이야.

우유를 얻기 위해 사육하는 젖소부터 살펴보자. 송아지는 태어나자마자 어미 소와 떨어뜨려. 소가 생산하는 우유는 인간의 몫이니까. 송아지에게 젖을 물리고 싶어 하는 어미 소나, 어미 소의 젖이 눈앞에 있는데도 먹을 수 없는 송아지나, 서로 떨어지지 않으려고 안간힘을 쓰는데, 실제로 보면 얼마나 안타까운지 몰라. 송아지가 어미 소의 젖을 먹는 건 너무 당연하고 자연스럽잖아. 송아지의 권리이기도 하고. 그런데 인간이 그 젖을 먹자고 송아지를 떼 놓는 거지.

루왁 커피라고 들어 본 적 있니? 사향고양이 똥으로 만든 커피로 유명한데, 정확히는 고양이가 먹고 배설한 커피 콩으로 만드는 커피야. 루왁 커피가 인기를 얻고 비싸게 팔리자 사향 고양이를 열악한 시설에 가두고 커피 콩을 먹여서 루왁 커피 콩을 얻더구나. 자유로운 생명을 먹고 배설하는 존재로 전락시킨 거지.

빌딩 외벽을 유리로 바꾸는 건축 스타일이 유행하면서 새들이 충돌로 죽는 일도 늘고 있어. 새 눈은 사람처럼 정면에 있지 않고 좌우에 있어서 장애물과의 거리를 분석하는 능력이 떨어지고, 유리창에 비친 산이나 하늘을 보고 창공으로 착각한다고 해. 미국에서는 한 해에만 수억 마리 이상의 새가 유리창에 충돌해 죽는다지. 우리나라에서는 얼마나 많은 새들이 유리창 충돌로 사라지는지 궁금했어. 통계니까 다소 오차는 있겠지만, 조류 전문가들에 따르면 1년에 대략 800만 마리 이상은 될 거라고 해. 주로 건물 외벽, 유리창, 그리고 고속도로의 투명한 방음벽에 충돌한대. 나는 창공을 맘껏 날 자유를 새들의 권리라고 생각해. 그런 점에서 외벽이 유리로 된 건물이나 투명한 방음벽 등은 새들의 권리를 침해한다고 말할 수 있을 것 같구나.

새들의 고통은 여기서 끝나지 않아. 외국 사례이기는 한데, 이동하는 철새들을 잡으려고 그물이나 덫을 놓거나 새들이 주로 앉는 나뭇가지에 본드 칠을 하는 사람도 있어. 이렇게 잡은 새는 요리에 주로 쓰인다고 해. 몇 년 전에 본 〈텅 빈 하늘

(Emptying the Skies)〉(더글라스 카스·로저 카스 감독, 2013)이라는 다큐멘터리에 나오는 얘기야. 유럽과 아프리카를 오가는 철새를 잡으려는 사람들에 맞서 잡힌 새들을 구조하는 이들의 아슬아슬한 활약이, 내내 손에 땀이 날 정도였어. 아마도 감독은 사람들로 인해 새가 사라져 조만간 하늘이 텅 비지 않을까 싶은 마음에 저런 제목을 붙인 것 같아. 화면 속에서 그물이나 덫에 걸린 작은 새들이 놀라 파닥거릴수록 더 단단하게 그물이 몸에 얽히더라. 그렇게 새를 잡아서는 포도주에 담근 다음 속을 파낸 감자에 넣어서(감자 속에 쏙 들어갈 정도니 얼마나 작겠니?) 오븐에 굽더구나. 이렇게 요리한 새를 뼈째 오독오독 씹어 먹는데, 이 요리를 먹는 사람들은 얼굴에 천을 뒤집어쓰고 먹어. 뼈째 씹어 먹느라 얼굴이 일그러지는 걸 서로에게 보이지 않으려고 말이야. 고급 요리를 위해 그 작은 새들이 희생되는 장면은 내게 큰 충격이었어.

인간의 교통권 때문에 동물이 희생되기도 하지. 동물들의 서식지였던 곳에 도로를 만들었기 때문에 도로 곳곳에서 차에 치이는 동물들이 수없이 많아. 이렇게 야생 동물이 도로에 뛰어들어 목숨을 잃는 일을 로드 킬(Road Kill)이라고 하는데, 환경부가 2017년에 집계한 로드 킬 사고 건수만 1만 7320건이라고 해. 새들도 차가 쌩쌩 달리면서 발생하는 기류에 휘말려 많이 희생된다고 조류 전문가들은 입을 모으더구나.

인간이 많은 질병으로부터 자유로워진 데에는 동물들의 기여가 크다고 할 수 있어. 기원전 고대 그리스 시대부터 동물실험이 있었다는 기록이 있을 정도로, 병리학, 생물학에서 독물학에 이르기까지 의학 발전에 동물실험이 크게 기여했지. 신약 개발 혹은 질병 치료를 위한 동물실험은 생명과 관련된 부분이라 윤리적으로 문제가 있어도 강하게 반발을 하기가 어려운 데가 있어. 그런데 화장품 개발에도 동물실험을 하는 것은 좀 다르지 않나 싶어. 동물실험이 화장품 개발에 별 효용이 없다는 반론이 지속적으로 제기되면서 요즘은 줄어들긴 했어. 그런데 중국 같은 경우에는 동물실험을 거친 화장품만 수입하기 때문에, 중국에 수출하려면 동물실험을 거칠 수밖에 없다고 해.

샴푸처럼 자칫하다 눈에 들어갈 수 있는 제품의 안정성을 검증하기 위해 토끼를 실험 대상으로 삼는 사례도 있어. 토끼는 눈이 큰 데다 번식력도 좋으니 실험 동물로 삼기 좋은 거지. 너희도 경험해 봐서 알겠지만 어쩌다 비눗물이라도 눈에 들어가면 얼마나 따갑고 아프니? 토끼도 마찬가지로 괴로워하다가 목이 부러지기도 해. 그래서 몸부림치지 못하도록 아예 목을 고정하기도 하고.

이런 끔찍한 과정을 거쳐 탄생한 화장품이라는 걸 안다면, 그래도 쓰고 싶을까? 아마도 아닐 거라 생각해. 그래서 알 필요가 있는 거란다. 요즘은 동물실험을 하지 않는 화장품 회사가 공개돼 있어. 그런 기업의 제품을 구입함으로써 우리의 의지를 드러내고, 동물실험으로부터 동물을 구해 보자. 동물실험을 하지 않는 화장품 회사는 카라 같은 동물보호단체 홈페이지에서 찾아볼 수 있어!

동물은 인간의 즐거움을 위해 존재하는 게 아니야

2018년 말, 동물원 사육장을 탈출한 퓨마가 4시간 반 만에 사살되는 사건이 있었어. 여덟 살 암컷 퓨마였지. 그 뉴스를 접했을 때 떠오른 생각은 '여덟 살이 되도록 퓨마가 온전히 누린 자유는 겨우 최후의 4시간 반이었겠구나' 하는 거였단다. 사실 탈출이라는 말부터가 이상해. 퓨마가 뭘 잘못해서 동물원에 갇힌 건 아니잖아. 애초에 야생에 살던 퓨마를 동물원에 가둔 것은 사람이야. 퓨마는 자유를 그리워하다가 우연히 열린 문을 통해 나갔을 뿐이지. 퓨마가 울타리를 넘어가 사람들을 해칠 염려가 있어서 사살했다는데, 그런 염려는 야생에서 데려오는 순간부터 이미 예견된 문제 아닐까?

동물원에 한두 번은 가 본 적 있지? 동물원의 동물을 보고 있자면 나는 언제나 애잔했단다. 얼마나 갑갑할까. 무리에서 떨어져 나와 낯선 환경에서 고독하게 지내야 하는 신세, 자신의 움직임 하나하나가 사람들 시선에 노출되는 일이 얼마나 스트레스일까 하는 생각이 들었어.

동물원에서 벌어진 끔찍한 사건은 기억을 오래 더듬지 않아도 몇 가지나 떠오르는구나. 2013년 11월, 서울대공원에서는 사육사가 호랑이에게 물려 사망한 끔찍한 사고가 일어났어.

2015년 2월에는 어린이대공원에서 사육사가 사자 두 마리의 공격을 받고 숨졌고. 이런 사고는 잊을 만하면 반복되는 것 같아. 그리고 사건의 중심에 있는 동물은 하나같이 비참한 죽음을 맞이했지. 자발적으로 동물원에 걸어 들어간 동물은 단 한 마리도 없는데, 대체 왜 죽음으로 끝나야 했을까? 어쩌면 우리는 이미 대답을 알고 있는데 외면하고 있거나, 아예 선택지에서 빼 버린 게 아닐까?

동물원이 필요하다고 주장하는 쪽은 동물원을 통해 우리가 생태지식을 습득할 수 있고, 멸종 위기종을 보호할 수 있다고 말해. 실제로 몇몇 동물들이 멸종 위기에서 벗어나는 데 역할을 하기는 했지. 최근에는 서식 환경을 자연과 최대한 비슷하게 조성해서 '동물 행동 풍부화'[1]에도 신경 쓰고 있고. 그런데도 동물원의 존립에 대한 논란이 끊이지 않는 이유는 뭘까? 이번에 사살된 퓨마 뽀롱이도 멸종 위기종이었어. 그런데 사람에

[1] 야생동물이 살던 환경과 비슷한 조건을 조성해서 동물이 자연에서 보이는 행동을 할 수 있도록 이끄는 프로그램이야. 야생에서 진흙 목욕을 즐겨 하는 동물에게는 콘크리트 바닥 대신 진흙 목욕탕을 제공하고, 울퉁불퉁한 지형이나 밧줄 등으로 자연과 비슷한 환경을 조성해 주거나, 먹이를 그냥 주는 대신 이리저리 탐구하고 움직이면서 먹을 수 있도록 하는 거지. 이는 동물원이 가지고 있는 한계를 조금이나마 극복해 보려는 노력이라고 할 수 있어. 이런 노력 덕분에 동물의 수명이 늘어나거나 번식을 시도하는 등 조금씩 변화를 보이고 있다고 해.

의해 죽임을 당했지. 이는 동물원이라고 해서 멸종 위기종을 완벽하게 보호할 수는 없다는 의미가 아닐까?

동물들이 동물원이라는 인위적인 공간에서 적응하며 사는 것은 쉽지 않아. 동물마다 크든 작든 정신적인 스트레스가 있거든. 이로 인해 아무 의미 없는 행동을 반복하는 등 정형행동을 하기도 하지. 또 동물원 관리도 사람이 하는 일이다 보니 이번처럼 문을 잊고 잠그지 않는 것 같은 실수가 언제든 생길 수 있어.

멸종이 정말 걱정된다면 우리에 가둘 것이 아니라 그들의 서식지를 보존하는 일에 더 집중해야 하지 않을까? 동물원에서 죽은 퓨마가 자연에서 살았다면 더 일찍 죽었을지도 모르지. 하지만 사는 동안이라도 자연 속에서 맘껏 뛰어놀며 자유로울 수 있다면, 그 편이 오히려 동물에게 더 낫지 않겠니? 동물은 자연에 있을 때가 가장 자연스럽지. 사고 등으로 도저히 자연으로 돌아갈 수 없는 동물을 제외하고 동물원에 사는 동물은 없어야 하지 않을까? 우리의 즐거움을 위해 함부로 서식지에서 데려와 가두어도 되는지, 이 질문에 대답을 생각해 봐야 할 것 같아. 인간이 동물을 길들여 놓고는 그 모습에 즐거워하는 동물 쇼도 다르지 않아. 인공적 장소에 동물들을 데려오는 행위는 모두 되돌아봐야 해.

우리는 동물을 얼마나 알고 있을까?

여기서 중요한 질문을 하나 할게. 우리는 어째서 먹고 입고 즐기기 위해 동물을 멋대로 이용하는 걸까? 의사소통이 안 되니까? 고통을 표현하지 못해서? 그렇다면 인간과 의사소통을 할 수 없다는 것이 하등하다는 뜻일까?

사실 동물은 나름의 방식으로 느끼고 소통해. 1990년대 초 생물학자 리 듀거킨(Lee Dugatkin)은 거피(Guppy)라는 물고기를 키우며 실험을 했어. 칸막이로 어항을 세 구역으로 나눈 다음, 양쪽 가장자리 구역에는 크기와 무늬가 거의 비슷한 수컷을, 가운데에는 암컷을 넣었지. 그리고 따로 어항을 하나 더 마련해서 거기에는 암컷을 한 마리 넣었어. 물고기들이 환경에 적응할 무렵 왼쪽 수컷과 암컷 사이의 칸막이를 열었어. 한편 두 마리의 구애 행동을 격리된 암컷이 지켜볼 수 있게 했지. 나중에 수컷과 구애 행동을 하던 암컷을 꺼내고, 격리했던 암컷을 그 자리에 풀어 놓고는 자유롭게 수컷을 선택하게 했더니 바로 구애 행동을 하던 수컷을 선택했다는구나. 스무 번 실험을 했는데 똑같은 결과가 열일곱 번 나왔다고 해. 이 실험으로 거피가 짝을 선택할 때 모방을 한다는 걸 알게 되었어. 모방은 기억이 있어야 가능하지. 이렇게 기억하는 능력이 있는 물고기를 하등하다고 할 수 있을까?

새끼 시절에 둥지에서 떨어진 참새를 거둬서 12년이나 함께 살았던 사람 얘기, 들어 본 적 있니? 클레어 킵스(Clare Kipps)가 쓴 《어느 작은 참새의 일대기(Sold for a Furthing)》(안정효 옮김, 모멘토, 2011)라는 책에는 제목 그대로 참새의 일대기가 기록되어 있단다. 이 참새는 둥지에서 떨어져 다리와 날개를 다쳤어. 저자는 참새를 주워 와 밤새 간호하며 목숨을 건지길 기도했지만 큰 희망은 갖지 않았대. 그런데 다음 날 눈을 떠 보니 살아 있었던 거야. 그때부터 함께 살기 시작한 참새에 대한 이야기야. 참새는 킵스의 피아노 연주에 맞춰 노래를 부르기도 하고, 킵스가 늦게까지 일하고 돌아온 날에는 쉬어야 한다는 듯이 침대로 이끌기도 했고, 장난도 곧잘 쳤다고 해. 이 책을 읽으며 나는 우리가 동물들에 대해 모르는 게 너무 많다는 사실을 알게 됐어.

작가이자 사회개혁 운동가였던 헨리 S. 솔트(Henry S. Salt)는 자신의 책 《동물의 권리(Animals' Rights)》(임경민 옮김, 지에이소프트, 2017)에 이렇게 썼어. "우리는 애초에 자유롭고 자연스러운 상태에 있던 동물들을 인위적인 노예 상태로 빠뜨렸다. 오로지 그들이 아닌 우리가 수익자로 올라서기 위해서였다."

피터 싱어(Peter Singer)라는 철학자는 1975년 《동물 해방

(Animal Liberation)》(김성한 옮김, 연암서가, 2012)이라는 책을 발표해서 큰 반향을 일으켰어. 그는 동물 역시 고통을 느끼므로 동물들의 이해(利害)를 인간의 이해와 동등하게 고려해야 한다고 주장했어. 싱어의 이 책은 동물 해방 운동가들 사이에서 교과서와 같은 책이란다.

싱어보다 먼저 동물의 고통을 얘기했던 사람으로 19세기에 활동한 철학자 제러미 벤담이 있어. 벤담은 동물복지를 일찍이 주창했던 인물로, 동물이 이성적으로 사유할 수 있느냐가 아니라 고통을 느낄 수 있느냐가 관건임을 지적한 것으로 유명해.

《새의 감각(Bird Sense)》(팀 버케드 지음, 노승영 옮김, 에이도스, 2015)이라는 책을 보면 새가 시각, 청각, 촉각 등 오감은 물론, 자기장까지 느끼고 정서를 가지고 있다는 이야기가 나온단다. 아직 우리가 밝히지 못했을 뿐, 새들은 우리가 상상하는 그 이상을 느낀다는 거야. 그런 동물이 어디 새뿐이겠니?

무엇을 어떻게 실천할까?

우리나라도 동물에 관한 인식이 많이 바뀌었어. 2017년 11월 '개헌을 위한 동물행동'이라는 프로젝트 그룹이 등장했단다.

동물의 권리를 옹호하는 변호사와 동물보호단체 카라, 동물복지문제연구소 등으로 구성된 그룹인데, 동물권을 헌법에 명시하는 걸 목표로 삼았어. 왜 꼭 헌법에 담으려고 하는 걸까? 동물을 물건이 아닌 생명의 주체로 대하자는 뜻에서야. 우리 법률로는 동물보호에 한계가 너무 많기 때문에 인간에게만 주어진 권리 개념을 넓혀 동물에게도 부여하려는 거지. 동물권은 이미 여러 나라에서 동물복지의 기본 개념으로 통하고 있어.

이런 개념의 바탕에는 영국 농장동물복지위원회(FAWC)가 제시한 '동물의 5대 자유'가 있지. ①동물의 본래 습관과 신체의 원형을 유지하면서 정상적으로 살 수 있도록 할 것, ②동물이 갈증 및 굶주림을 겪거나 영양이 결핍되지 않도록 할 것, ③동물이 고통, 상해 및 질병으로부터 자유롭도록 할 것, ④동물이 정상적인 행동을 표현할 수 있고 불편함을 겪지 않도록 할 것, ⑤동물이 공포와 스트레스를 받지 않도록 할 것이 그 내용이야. 동물복지에 있어 중요한 기준이지.

2014년부터 2년에 걸쳐 길고양이 600마리를 잡아서 산 채로 끓는 물에 넣어 죽인 후 건강원에 판매한 사람이 있었어. 그에게 내려진 처벌은 징역 10개월, 집행유예 2년에 사회봉사 80시간이었어. 600마리를 함부로 죽인 대가가 이 정도라는 데에 어떻게 생각하니? 너무 약하다는 생각이 들지 않니? 이처럼 행위에 비해 처벌이 약하니 동물을 함부로 대하는 풍조를 막기가 힘들어. 그래서 헌법에 명시하려는 거야. 스위스, 독일, 인도, 브라질, 세르비아 등은 이미 헌법에 동물보호나 동물권을 명시했지. 특히 스위스는 '생명의 존엄성'을 연방헌법에 명시해서, 동물을 학대하는 등 동물보호법을 위반할 경우 처벌 수위가 굉장히 높아. 최대 3년 이하 징역, 2300만 원 정도 벌금을 부과하는데, 재산에 따라 차등 부과하기 때문에 최대 11억 4500만 원까지 벌금을 물릴 수도 있대.[2] 그러니 동물을 함부로 학대하는 일이 드물 수밖에 없겠지?

우리 사회에서 동물권에 관한 법 제정을 하기까지 지난한 과정이 있을 거야. 그럼에도 이런 움직임들이 결국 변화의 바람을 일으킬 거라 생각해. 우리가 여기에 관심을 갖고 힘을 싣는 일도 동물을 보호하고 그들의 권리를 인정하는 일일 테고.

패션과 유행, 그리고 보온을 목적으로 구입한 패딩이 어느 동물에게는 고통과 희생이었다는 걸 생각한다면 패딩 한 벌 구입하는 일에도 많은 고민을 할 수밖에 없지 않을까?

살아가는 모든 생명은 다른 생명의 희생을 필요로 할 수밖에

---

[2] "한국서 발생한 동물학대, 스위스라면 벌금 11억원" 〈한국일보〉(2017. 2. 4)

없는 상황에 늘 놓이기 마련이야. 그러나 불필요한 희생은 최소화하려는 노력이 필요하겠지.

결국 소비의 문제

시민들이 동물권에 관심을 갖게 되자 기업들도 윤리적인 제품 생산으로 눈을 돌리는 분위기가 생기고 있어. 라이브 플러킹 문제가 꾸준히 제기되자 노스페이스, 콜롬비아, 밀레 등 아웃도어 기업들은 윤리적인 방법으로 털을 얻었다는 인증을 받은 털을 제품에 사용하기 시작했어. 이를 RDS(Responsible Down Standard) 인증이라고 부르는데, 살아 있는 조류의 털을

함부로 채취하지 않고 윤리적인 방식으로 생산했음을 확인하는 제도지. 평창 동계올림픽 기념 패딩도 RDS 인증 패딩이었다지? 여기에 쓰인 털은 학대 없는 사육 환경에서 키운 동물을 도살한 뒤 약품 처리하고 채취한 것이라고 해. 산 채로 털을 뽑지 않았다는 의미에서 윤리적 기준을 충족한 셈이야. 털 채취에 있어서 비윤리적인 문제가 꾸준히 제기되자, 의류 업체를 중심으로 거위나 오리의 사육 전 과정을 감시하고 윤리적인 방법으로 털을 얻도록 기준을 정했는데, 이를 트레이서블 다운(Traceable Down)이라고 해. 현재 몇몇 아웃도어 브랜드를 중심으로 이 제도를 따르고 있어. 온라인 매장에서는 아예 RDS 패딩이라는 이름으로 판매하고 있지만, 오프라인 매장에서는 아직까지 홍보가 부족한 탓인지 판매원조차 RDS 패딩에 대해 모

르는 경우가 많더구나. 하지만 앞으로 사람들이 많이 찾게 되면 기업도 이 부분을 부각시키고 착한 패딩 쪽으로 관심을 기울이겠지?

보다 현실적이고 적극적인 선택은 동물 소재로 만든 옷을 입지 않는 거겠지. 이런 옷을 비건(vegan) 의류[3]라고 하는데 합성 소재로 만든 인조털도 개발되었어. 동물의 희생이 따르지 않으니 좋은 방법이라고 생각해. 물론 합성 소재로 만든 의류를 세탁할 때마다 미세 플라스틱이 물과 함께 쓸려나가 바다 생태계를 오염시키니 진정한 대안은 아닐 수도 있어. 어떤 동물보호 운동가는 인조털이라고 해도 털에 대한 소비자의 욕구를 지속시키고, 모피를 과시하고 싶어 하는 마음을 이용해 만드는 것이니까 그마저도 입지 말자는 운동을 펼치고 있기도 해. 생각해 볼 만한 문제지?

앞서 털을 재활용해서 패딩을 만드는 사례도 있다고 했잖아. 이처럼 기업의 움직임 저변에는 소비자의 힘이 작용해. 만약 소비자가 비윤리적인 패딩 생산에 관심을 갖지 않고 소비를 계속했

[3] 먹는 채식주의자(vegan)만이 아니라 입는 채식주의자가 되자는 뜻해서 비건을 그대로 사용했어. 동물의 가죽이나 털을 소재로 삼지 않은 의류를 말하지. 요즘에는 의류는 물론 화장품이나 신발, 가방 등 잡화에 이르기까지 비건이 널리 퍼지고 있어. 그만큼 상품을 찾기도 어렵지 않으니 관심 있는 친구들이라면 쉽게 구매할 수 있을 거야.

다면 기업이 자발적으로 이런 변화를 만들었을까? 아마도 아닐 거라고 생각해. 그러니 우리의 작은 힘이 모이고 모여 세상을 바꿀 수 있다고 하는 거야. 동물원이나 동물 쇼를 소비하지 않는 것도 좋은 방법이야.

결국 동물권 문제를 고민하다가 닿는 지점은 다시 소비 문제가 아닐까 싶어. 소비를 최소화하는 것보다 더 좋은 대안은 없는 것 같아.

새로운 그레타 툰베리를 기다리며

전 세계 청소년들이 학교가 아닌 거리로 쏟아져 나와서 기성세대들에게 기후변화 대응을 촉구하는 시위를 동시에 벌인 적이 있어. 청소년들은 정치·경제인을 비롯한 기성세대들에게 외쳤어. “투표권이 없는 우리들은 우리의 미래가 더 이상 망가지는 걸 볼 수가 없어서 학교 대신 거리로 나왔다”라고 말이야. 2019년 3월 15일에 벌어진 이 시위를 세계 청소년 기후행동(Global Climate Strike for Future)이라고 해. 이 시위를 처음 시작한 사람은 스웨덴의 16세 여고생, 그레타 툰베리(Greta Thunberg)였어. 툰베리는 2018년 8월부터 매주 금요일마다 학교 대신 거리에 나가서 기후변화에 대응하라는 시위를 하고 있어. 자신의 행동을 ‘미래를 위한 금요일’ 운동으로 명명하고 해시태그(#FridaysforFuture)를 붙여 SNS에 알리기도 했지. 툰베리가 등교를 거부하고 진행한 환경운동은 이후 독일, 영국, 프랑스, 벨기에, 호주, 일본, 그리고 우리나라에까지 영향을 미쳤단다. 그래서 2019년 3월 15일에 전 세계 수많은 도시의 거리로 청소년들이 쏟아져 나왔던 거야.

툰베리가 거리에 나선 것은 2018년 심각한 폭염을 겪고 나서야. 기후변화 문제가 심각하다는 것을 깨닫고는 친구들에게 학교를 빠지고 시위를 하자고 제안했지. 하지만 아무도 툰베리 얘기에 귀를 기울이지 않았다고 해. 동조자가 없으면 대개 시들해지고 말잖아. 그런데 툰베리는 그러지 않았어. 묵묵히 혼자 시작했지. 이후 2018년 12월 폴란드에서 열린 유엔기후변화협약(UNFCC) 당사국 총회에서, 2019년 1월에는 다보스 세계경제포럼에서, 2월에는 브뤼셀에서 열린 유럽연합 회의에서 세계 정치·경제 리더들을 향해 기후변화 대응 정책에 실패했다는 점을 인정하고 적극적으로 대처하라는 연설을 해서 큰 박수를 받았단다. 같은 해 3월에는 노르웨이 정치인들이 그를 노벨평화상 후보로 지명하기에 이르렀어. 툰베리는 이런 일들을 예상하고 시위를 했을까? 그럴 리가 없어. 친구들에게 함께하자고 했다가 거절당했을 때는 분명 외로웠을 거야. 그래도 툰베리는 시작했어. 만약 툰베리가 포기했더라면 3월 15일의 그 시위는 일어나지 않았을 거야. 단 한 명의 움직임이 만들어 낸 거대한 흐름을 우리도 서울에서 목격할 수 있었지. 얼마나 벅찬 감동이었는지 몰라.

2018년 폭염은 정말 대단했지. 북반구가 절절 끓었으니까. 그렇지만 그런 폭염을 겪는다고 해서 누구나 기후변화 문제의 심각성을 느끼는 건 아닌 것 같아. 오히려 우리나라에서는 전기요금 누진제 때문에 집에서 마음껏 에어컨을 켤 수 없다고 누진제를 폐지하자는 목소리가 높았단다. 에어컨을 많이 켜면 그만큼 전기에너지를 많이 소비하게 되고 폭염은 더 심해질 테지. 이렇게 걷잡을 수 없이 악화일로를 걷게 되는데도 사람들은 눈앞의 일만 보더구나. 북극 빙하는 점점 녹아 사라지고 있어서, 기후학자들이 2065년에나 도달할 것으로 예상했던 손실 정도를 2012년에 이미 넘어섰어. 50년 이상 빠르게 빙하가 녹고 있다는 얘기야. 기후학자들은 과거에 북극의 빙하가 21세기 말까지는 버텨 줄 거라고 했지만, 지금은 아무도 그 이야기를 하지 않아. 상황이 이런데도 사람들은 자신의 일상이 어떻게 자기 자신과 환경에 피해를 주는지에 관심이 별로 없는 것 같아.

1992년 유엔환경개발회의 이후 해마다 기후변화를 논의하는 회의가 열렸지만 갈수록 지구 상황은 나빠지고 있어. 이런 상황에서 우리는 무엇을 할 수 있을까? 모두가 툰베리처럼 학교 밖으로 뛰쳐나갈 수는 없겠지. 그렇다면 내가 있는 자리에서 할 수 있는 일을 해 보는 건 어떨까? 물건 하나하나마다 연결된 환경 문제를 보고, 할 수 있는 일을 실천하는 것도 또 한 명의 툰베리가 되는 길일 거야.

이 책을 읽는 사람 중 누가 그럴 준비가 되어 있을까? 이제 어른에게 더는 기대하지 말고 미래를 스스로 지킬 수 있도록 목소리를 높였으면 좋겠어. '나 혼자 이런다고 뭐가 되겠어?'가 아니라 '나라도 해 볼까?' 하는 생각이 큰 변화를 가져올 수 있다는 걸 툰베리가 보여 줬듯이 말이야!

과학 쫌 아는 십대 03

초판 1쇄 발행 2019년 5월 20일
초판 19쇄 발행 2023년 9월 27일

지은이 최원형
그린이 방상호
펴낸이 홍석
이사 홍성우
인문편집팀장 박월
편집 박주혜
디자인 방상호
마케팅 이송희 · 김민경
관리 최우리 · 김정선 · 정원경 · 홍보람 · 조영행 · 김지혜

펴낸곳 도서출판 풀빛
등록 1979년 3월 6일 제2021-000055호
주소 07547 서울특별시 강서구 양천로 583 우림블루나인 A동 21층 2110호
전화 02-363-5995(영업), 02-364-0844(편집)
팩스 070-4275-0445
홈페이지 www.pulbit.co.kr
전자우편 inmun@pulbit.co.kr

ISBN 979-11-6172-735-6 44400
979-11-6172-727-1 44080 (세트)

이 책의 국립중앙도서관 출판시도서목록(CIP)은 서지정보유통지원시스템
홈페이지(seoji.nl.go.kr)와 국가자료공동목록시스템(www.nl.go.kr/kolisnet)에서
이용하실 수 있습니다.(CIP제어번호 : CIP2019015274)

※책값은 뒤표지에 표시되어 있습니다.
※파본이나 잘못된 책은 구입하신 곳에서 바꿔드립니다.

이 책은 FSC® 인증 및 친환경 인증을 받은 용지와 콩기름 잉크를 사용해 인쇄했습니다.

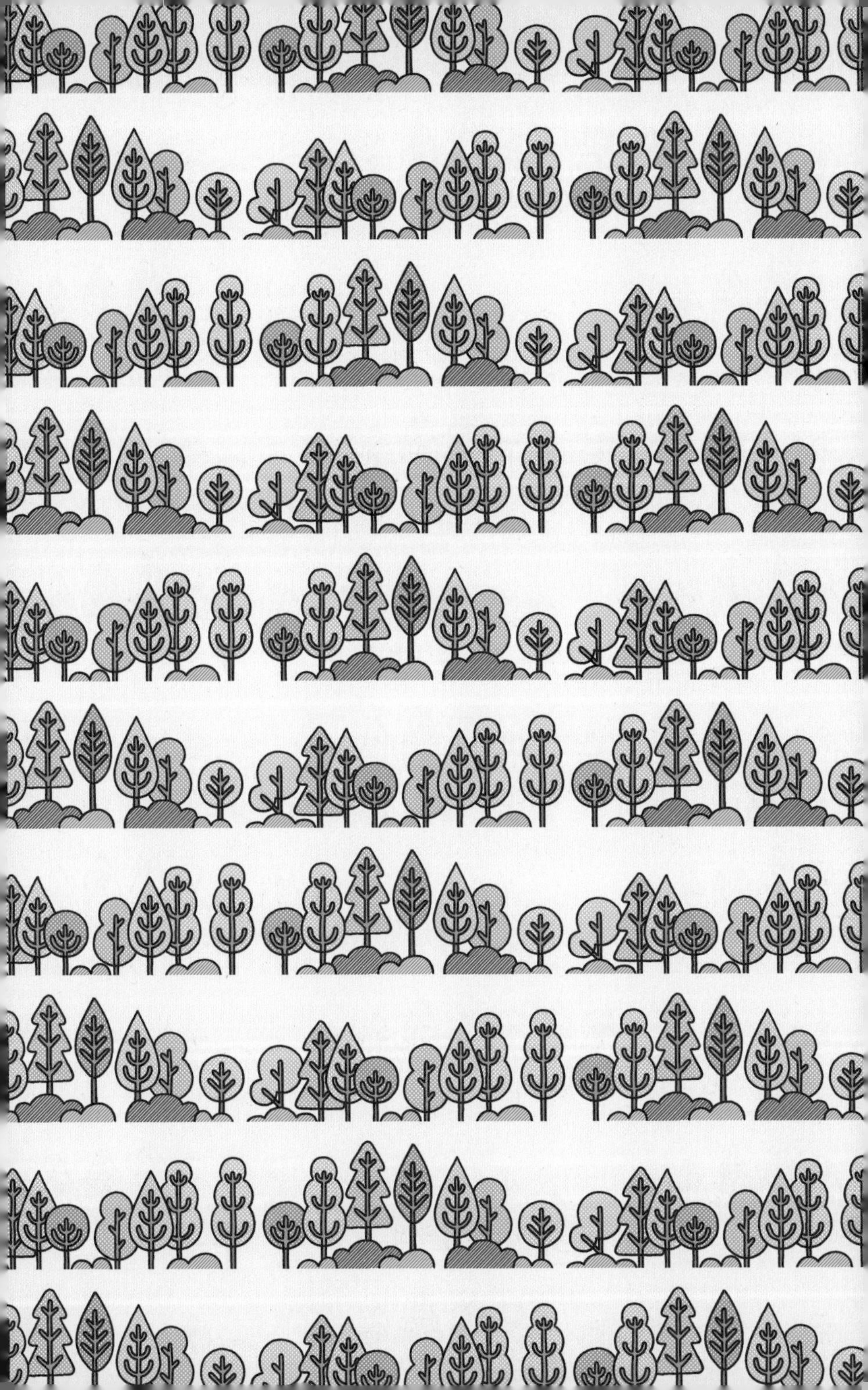

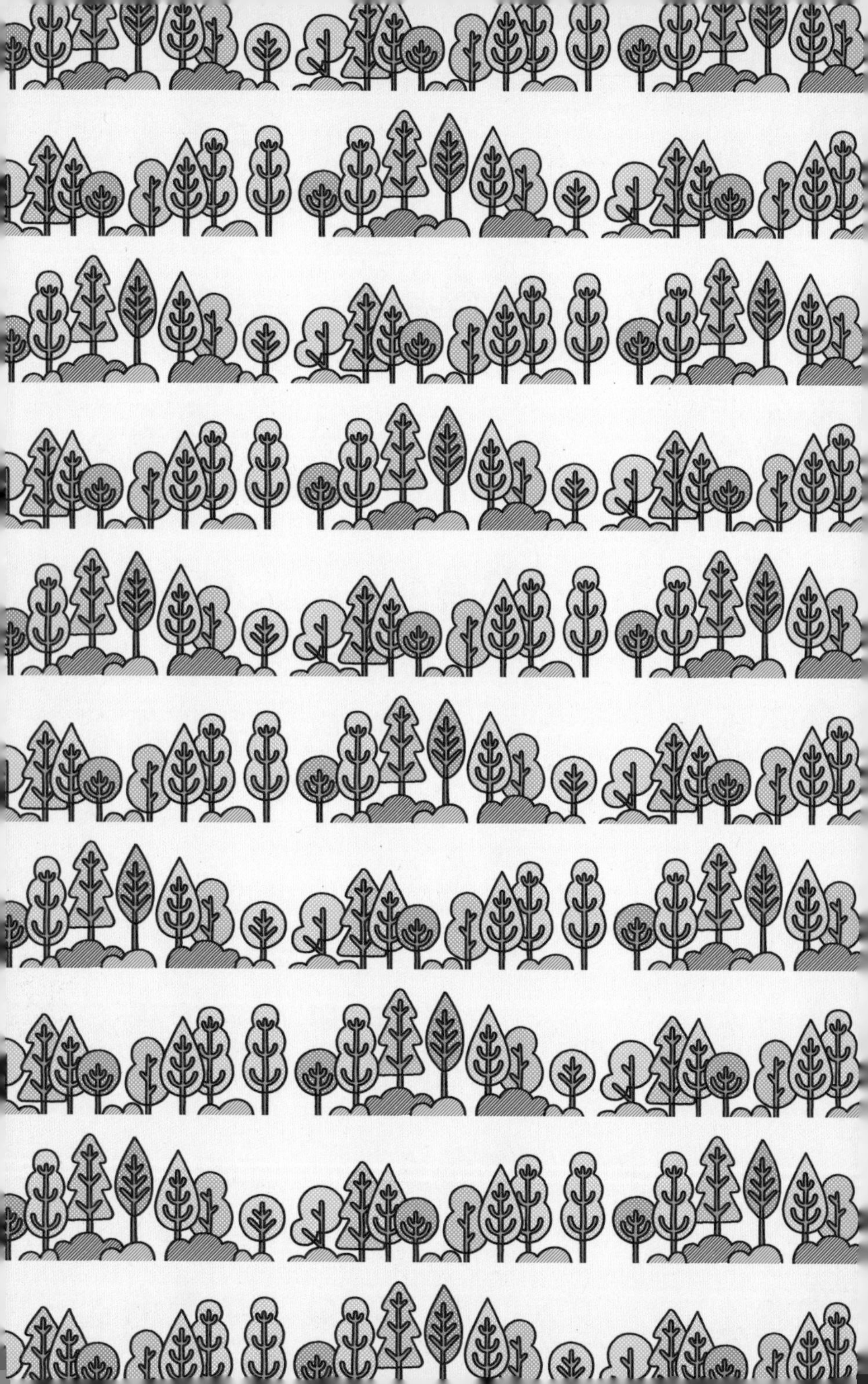